U1070497

土木工程是一个历史悠久、生命力强、投入巨大、对国民经济具有拉动作用、专业覆盖面和行业涉及面极广的一级学科和大型综合性产业，为它编一套集新颖性、实用性和科学性为一体的“简明系列专辑”，既是社会的召唤和需求，也是我们的责任和义务。

**新颖性**——反映新标准、新规程、新规范、新理论、新技术、新材料、新工艺、新方法。

**实用性**——深入浅出，让人一看就懂，一懂能用，不是手册，胜似手册。

**科学性**——编写内容均有出处。

——摘自《简明土木工程系列专辑》总序

Simplified Series of Civil Engineering

清华大学土木工程系组编

丛书主编　崔京浩

安雪晖　黄绵松　大内雅博　金峰　编著

简明土木工程系列专辑

# 自密实混凝土技术手册

中国水利水电出版社
www.waterpub.com.cn
知识产权出版社
www.cnipr.com

**内容提要**

本书是“简明土木工程系列专辑”中的一本。本书是基于作者多年的自密实混凝土教学、理论研究与实际应用相结合的成果编撰而成。结合自密实混凝土的设计理念、研究进展和实际应用成果，将自密实混凝土材料的基础研究和自密实混凝土技术的工程应用有机地融合在一起。本书内容新颖、图文并茂、实用性强。

本书既可作为一般全日制高等院校的教材或专题性辅助教材，也可供从事混凝土设计、研究及施工的专业人员参考。

选题策划：阳　淼　张宝林　E-mail：yangsanshui@vip. sina. com；z_baolin@263. net

责任编辑：阳　淼　张宝林

文字编辑：彭天赦　邓　丽

**图书在版编目（CIP）数据**

自密实混凝土技术手册 / 安雪晖等编著．—北京：中国水利水电出版社：知识产权出版社，2008

（简明土木工程系列专辑 / 崔京浩主编）

ISBN 978-7-5084-5262-3

Ⅰ. 自…　Ⅱ. 安…　Ⅲ. 混凝土—技术手册　Ⅳ. TU528-62

中国版本图书馆 CIP 数据核字（2008）第 007060 号

简明土木工程系列专辑

**自密实混凝土技术手册**

安雪晖　黄绵松　大内雅博　金峰　编著

中国水利水电出版社、知识产权出版社　出版发行（北京市西城区三里河路 6 号；电话：010-68331835　68357319；北京市海淀区马甸南村 1 号；电话：010-82005070）

北京科水图书销售中心（零售）　电话：(010) 88383994、63202643

全国各地新华书店和相关出版物销售网点经销

北京市兴怀印刷厂印刷

850mm×1168mm　32 开　5.625 印张　151 千字

2008 年 4 月第 1 版　2008 年 4 月第 1 次印刷

印数：0001—4000 册

定价：**15.00** 元

ISBN 978-7-5084-5262-3

**版权所有　侵权必究**

如有印装质量问题，可寄中国水利水电出版社营销中心调换

（邮政编码 100044，电子邮件：sales@waterpub. com. cn）

清华大学土木工程系组编

# 简明土木工程系列专辑


## 编　委　会

名誉主编　陈肇元　袁　驷

主　　编　崔京浩

副 主 编　石永久　宋二祥

编　　委　（按汉语拼音排序）

陈永灿　胡和平　金　峰　李庆斌

刘洪玉　钱稼茹　王志浩　王忠静

武晓峰　辛克贵　阳　森　杨　强

余锡平　张建民　张建平

## 编 辑 办 公 室

主　　任　阳　森

成　　员　张宝林　彭天赦　张　冰　邹艳芳

# 总 序

国务院学位委员会在学科简介中为土木工程所下的定义是："土木工程（Civil Engineering）是建造各类工程设施的科学技术的统称。它既指工程建设的对象，即建造在地上、地下、水中的各种工程设施，也指所应用的材料、设备和所进行的勘测、设计、施工、保养、维修等专业技术"。土木工程是一个专业覆盖面极广的一级学科。

英语中"Civil"一词的意义是民间的和民用的。"Civil Engineering"一词最初是对应于军事工程（Military Engineering）而诞生的，它是指除了服务于战争设施以外的一切为了生活和生产所需要的民用工程设施的总称，后来这个界定就不那么明确了。按照学科划分，地下防护工程、航天发射塔架等设施也都属于土木工程的范畴。

土木工程是国家的基础产业和支柱产业，是开发和吸纳我国劳动力资源的一个重要平台，由于它投入大、带动的行业多，对国民经济的消长具有举足轻重的作用。改革开放后，我国国民经济持续高涨，土建行业的贡献率达到1/3；近年来，我国固定资产的投入接近甚至超过GDP总量的50%，其中绝大多数都与土建行业有关。随着城市化的发展，这一趋势还将继续呈现增长的势头。

相对于机械工程等传统学科而言，土木工程诞生得更早，其发展及演变历史更为古老。同时，它又是一个生命力极强的学科，它强大的生命力源于人类生活乃至生存对它的依赖，甚至可以毫不夸张地说，只要有人类存在，土木工程就有着强大的社会需求和广阔的发展空间。

随着技术的进步和时代的发展，土木工程不断注入新鲜血液，呈现出勃勃生机。其中工程材料的变革和力学理论的发展起着最为重要的推动作用。现代土木工程早已不是传统意义上的砖瓦灰砂石，而是由新理论、新技术、新材料、新工艺、新方法武装起来的为众多领域和行业不可或缺的大型综合性学科，一个古老而又年轻的学科。

综上所述，土木工程是一个历史悠久、生命力强、投入巨大、对国民经济具有拉动作用、专业覆盖面和行业涉及面极广的一级学科和大型综合性产业，为它编写一套集新颖性、实用性和科学性为一体的"简明系列专辑"，既是社会的召唤和需求，也是我们的责任和义务。

清华大学土木工程系是清华大学建校后成立最早的科系之一，历史悠久，实力也比较雄厚，有较强的社会影响和较广泛的社会联系，组编一套"简明土木工程系列专辑"，既是应尽的责任也是一份贡献，但面对土木工程这样一个覆盖面极广的一级学科，我们组编实际起两个作用：其一是组织工作，组织广大兄弟院校及设计施工部门的专家和学者们编写；其二是保证质量的作用，我们有一个较为完善的专家库，必要时请专家审阅、定稿。

简明土木工程系列专辑包括以下几层含义：简明，就是避免不必要的理论证明和繁琐的公式推导，采用简洁明快的表述方法，图文并茂，深入浅出，浅显易懂；系列，指不是一本书而是一套书，这套书力争囊括土木工程涵盖的各个次级学科和专业；专辑，就是以某个特定内容编辑成册的图书，每本书的内容可以是某种结构的分析与计算，某个设计施工方法，一种安装工艺流程，某种监测判定手段，一个特定的行业标准，等等，均可独立成册。

这套丛书不称其为"手册"而命名为"系列专辑"，原因之一是一些特定专题不易用手册的方法编写；原因之二是传统的手册往往"大而全"，书厚且涉及的技术领域多，而任何一个工程技术人员在某一个阶段所从事的具体工作又是针对性很强的，将几个专业甚至一个项目的某个阶段集中在一本"大而全"的手册势必造成携带、查阅上的不方便，加之图书的成本过高，编写机构臃肿，组织协调困难，出书及再版周期过长，以致很难反映现代技术飞速发展、标准规范规程更新速度太快的现实。考虑到这些弊端，这套系列专辑采用小开本，在选题上尽量划分得细一些，视专业、行业、工种甚至流程的不同，能独立成册的绝不合二为一，每本书原则上只讨论一个专题，根据专题的性质和特点有的书名仍冠以“手册”两字。

这套系列专辑的编写严格贯彻“新颖性、实用性、科学性”三大原则。

新颖性，就是充分反映有关新标准、新规程、新规范、新理论、新技术、新材料、新工艺、新方法，老的、过时的、已退出市场的一律不要。体现强劲的时代风貌。

实用性，就是避免不必要的说理和冗长的论述，尽可能从实用的角度用简洁的语言以及数据、表格、曲线图形来表述；深入浅出，让人一看就懂，一懂能用；不是手册，胜似手册。

科学性，就是编写内容均有出处，参考文献除国家标准、行业标准、地方标准必须列出以外，尚包括引用的论文、专著、手册及教科书。

这套系列专辑的读者对象是比较宽泛的，它包括大专院校师生，土木工程领域的管理、设计、施工人员，以及具有一定阅读能力的建筑工人。它既可作为土建技术人员随身携带及时查阅的手册，又可选作大专院校、高职高专的教材及专题性教辅材料。

崔京浩

2005 年 10 月于清华园

**崔京浩**，男，山东淄博人。1960 年清华大学土建系毕业，1964 年清华大学结构力学研究生毕业，1986～1988 年赴挪威皇家科学技术委员会做博士后，从事围岩应力分析的研究。先后发表论文 150 多篇，编著专业书 4 本，参加并组织编写巨著《中国土木工程指南》，任编辑办公室主任，并为该书撰写绪论；主持编写由清华大学土木工程系组编的“土木工程新技术丛书”和“简明土木工程系列专辑”，并任主编。曾任清华大学土木系副系主任，现为中国力学学会理事，《工程力学》学报主编，享受国务院特殊津贴。

# 前言

翻开本书的第1章，读者会知道自密实混凝土是在日本东京大学土木系混凝土研究室由岗村甫教授发明的。我第一次接触自密实混凝土是在1994年10月，作为一个初到东京大学土木系混凝土研究室的留学生，我被叫去参加义务劳动，帮助我的同学大内雅博做试验。对于一直以来习惯于在计算机中模拟混凝土的我来说，并没有觉得大内同学让大家拌出来的混凝土有什么神奇，只记得要经历好几次配料-拌和-检测-扔掉，大内同学才肯罢休。在东京大学留学的两年里，我更多的是关心自己的研究课题，能不能模拟出钢筋混凝土的剪切破坏，而自密实混凝土那是大内同学需要迎接的挑战。

直到1999年我作为老师返回混凝土研究室任教，而我的同学大内也已经追随岗村甫教授到了高知工科大学。那时我才开始面对自密实混凝土，因为我要带三年级本科生的混凝土试验课，而混凝土试验课的目的就是要让同学们配出自密实混凝土，我这个当老师的需要先配出来才能上课。经过多方打听和摸索，并且反复地用试验室里的材料进行尝试，我总算把试验课撑了下来。一直到我2002年我回到清华大学教书，我始终在寻找一本像武林秘籍一样的书，能详详细细地告诉我如何配制自密实混凝土。这时大内雅博已经承接岗村甫教授的衣钵，成为世界上自密实混凝土的头号专家。回国前我向他提出要求说，我需要一本在中国能够使用的自密实混凝土手册，他说，那你写吧。

2006年，在中国工程建设标准化协会的大力支持下，在无数自密实混凝土爱好者的帮助和支持下，经过两年艰苦的努力，自密实混凝土在中国的第一本正式标准《自密实混凝土应用技术规程》（CECS 203：2006）问世了。我记得在标准的审查会上，有位专家提出的意见就是，看了规程还是配不出自密实混凝土来。是啊，我们还是需要一本配制自密实混凝土的武林秘籍。

这就是本书的由来，我和我的合著者们把与自密实混凝土相关的能想到的内容都写在这本书里面了，希望能够在全中国自密实混凝土工程人员的帮助下进行改进和充实。

安雪晖

2008 年 2 月于清华园

# 目 录

# 第1章　自密实混凝土概论

一般而言，自密实混凝土（Self-Compacting Concrete，简称SCC）是指拌和物具有很高的流动性并且在浇筑过程中不离析、不泌水，能够不经振捣而充满模板和包裹钢筋的混凝土，属于高流动性混凝土的高端部分。在传统的坍落度试验中，自密实混凝土在达到260mm以上坍落度、600mm以上扩展度的同时，无离析、泌水现象的发生。如图1.1所示为扩展度为600mm以上的自密实混凝土。

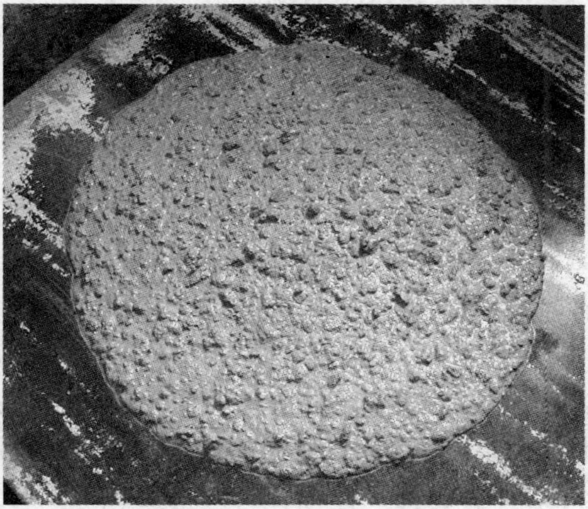

图1.1　扩展度为600mm以上的自密实混凝土

20世纪80年代，日本东京大学岗村甫教授开发了“不振捣的高耐久性混凝土”，称之为高性能混凝土（High Performance Concrete，简称HPC）。与此同时，Aitcin教授等人将由于低水灰比而具有高强度的混凝土称为“高性能混凝土”，并得到广泛使用，目前一般用高性能混凝土这个术语来表示高耐久性混凝土。因此，1996 年在美国得克萨斯大学讲学时，岗村甫教授称该混凝土为自密实高性能混凝土（Self - Compacting High Performance Concrete，简称 SCHPC）[1]，之所以称为高性能，是因为自密实混凝土具有很高的施工性能，能保证混凝土在不利的浇筑条件下也能密实成型，同时因使用大量的矿物细掺料而降低混凝土的温升，并提高其抗裂能力，从而可提高混凝土的耐久性。自密实混凝土综合效益显著，特别是用于难以浇筑甚至无法浇筑的部位，可避免出现因振捣不足而造成的空洞、蜂窝、麻面等质量缺陷。

自密实混凝土应用于建筑结构和施工具有以下优势：

（1）免去振捣工序，靠自重成型，减少施工噪音，改善工人的工作环境和周围居民的居住环境。

（2）解决了不易或无法进行振捣作业（如钢筋过于密集、断面过深或过于复杂等）的问题。

（3）提高浇筑速度，缩短施工工期。

（4）节约人工。

（5）提高混凝土结构的耐久性。

在新型高效减水剂的帮助下，自密实混凝土具有非常好的流动性，在施工中不需要振捣就可以达到自密实的效果，而且自密实混凝土泌水性很小，在混凝土表面不会产生乳皮层，因此，新、老混凝土接触面连接性能良好，不需要特别处理就可以达到很好的一体化效果。另外，这种混凝土通常具有较高的强度，并且有比较好的综合性能。在自密实高性能混凝土（强度超过 C60）推广初期，其价格约为常规混凝土的 1.5 倍，但是在国外预应力混凝土梁、大桥桥墩、桩基、箱式管道等四种形式的结构中，采用自密实高性能混凝土仍可以节约总工程造价的 3%左右。目前，其价格已经下降到相当于相同强度等级的常规商品泵送混凝土，综合效益更加明显。日本土木学会已出版了高性能自密实混凝土结构的设计和施工规范[2]，在大坝预制廊道结合部等不易振捣的部位已全面采用自密实混凝土。随着近几年自密实混凝土在我国发展应用速度加快，应用领域进一步拓展，中国工程建设标准化协会已经编制出版了《自密实混凝土应用技术规程》(CECS 203：2006)[3]来指导自密实混凝土在工程中的应用，更加有利于此项技术在国内的推广应用。

## 第1节　自密实混凝土的起源[4~9]

混凝土材料是一种经久耐用的建筑材料，其施工过程中的浇筑工序需要熟练的操作人员。一些人为因素（例如振捣不实或者过度振捣）以及混凝土流动性不够好等材料因素都会导致质量问题。自密实混凝土出现的原因应该追溯到1983年的日本。当时在日本缺乏熟练工人使得混凝土结构在施工成型过程中缺乏充分地振捣，不能达到设计要求，从而引发了一系列混凝土耐久性问题。这一问题不仅在业内受到了重视，更成为了日本的社会问题，引发了社会各界的广泛关注。因此，在1986年2月日本水泥协会主办的混凝土研讨会上，基于提高混凝土结构可靠性能的出发点，日本东京大学混凝土试验室的岗村甫教授指出“日本熟练工人的减少势必会给混凝土结构的耐久性带来负面影响”，并且提议开发一种不受施工质量好坏影响的免振捣混凝土。如果开发出免振捣混凝土，取消施工中的振捣工序，让混凝土在自身重力的作用下自动充填密实成型，就可以避免人为因素的影响，浇筑出密实可靠的混凝土结构，如图1.2所示。

混凝土由水、粉体材料（水泥、粉煤灰和矿渣等）、砂石骨料和少量的外加剂组成，其中砂石骨料占总体积的70%左右。硬化后混凝土的性能，例如压缩强度和耐久性能与水灰比有直接关系。在混凝土中，水泥进行水化反应所需要的水量大约为水泥重量的1/4，所以为了提高强度，生产出高性能的混凝土，就要在适当的范围内尽量少加水。但是如果用水量过少，新拌混凝土

图 1.2　岗村甫教授及其提出的自密实混凝土

的流动性就不高，要充填到模板内的各个角落，充分包裹结构内的钢筋，就需要进行充分严格的振捣。而振捣工序是由人工进行的，操作人员的熟练程度和认真态度将直接影响到混凝土结构的质量。为此，如果开发出用水量少并且流动性能好的混凝土，浇筑过程中不需要振捣就可以充填模板内部空间自动成型，将会大大提高混凝土结构的质量稳定性。这也就是自密实混凝土需要达到的性能目标。

经过大量的混凝土自密实理论研究和试验室配合比试验，1988 年夏天在东京大学土木系混凝土研究室成功配制出第一号免振自密实混凝土，并且确认了其自身收缩、干缩、水化热及硬化后的强度和致密性等综合性能，当时称之为高性能混凝土。第一号自密实混凝土与传统的混凝土相比粗骨料较少，粉体用量有所增加，水与粉体用量的比值远小于常规混凝土的水灰比。而由于添加了高性能减水剂，在不增加单位体积用水量的情况下可以大大提高流动性能。在第一号自密实混凝土配制中用到的粉体除了普通硅酸盐水泥，还用到了粉煤灰、磨细高炉矿渣和膨胀剂。粉煤灰可以在不增加单位用水量和水化热的条件下提高流动性能，而磨细高炉矿渣可以调整水泥的细度，提供适当的黏性。少量的膨胀剂也是为了提供适当的黏性。通过以上材料的配比，成功地配制出收缩和水化热较小并具有适当强度和耐久性能的自密实混凝土。如图 1.3 所示，可以在混凝土的三个时期分别对自密实混凝土的性能进行说明：新拌时具有高流动性和高抗离析能力，从而具有无需振捣而达到自密实的性能；早期自身体积变形小、干缩小、水化温升低使得抗裂能力高，从而可以避免早期缺陷；硬化后混凝土抗渗能力高，从而可以有效抵制外界因素的影响，最终形成耐久的混凝土。

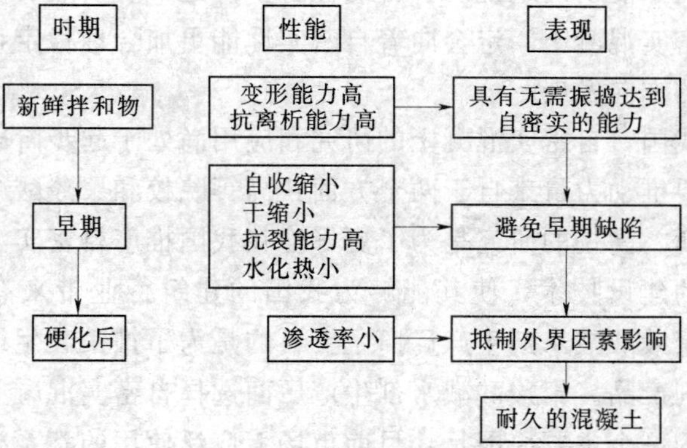


图 1.3　自密实混凝土性能要求

成功开发了第一号自密实混凝土之后，东京大学混凝土试验室在东京大学邀请 100 余名日本建筑业混凝土技术人员进行了公开试验，取得了极佳的效果并且获得了极大的反响。之后，在各种各样的建筑工程以及预制件厂进行的现场施工试验均取得了很好的效果，从此自密实混凝土正式登上了混凝土工程的舞台。

## 第 2 节　国内外研究现状

自密实混凝土在日本已经发展了将近 20 年，在美国、加拿大和欧洲等国家也有十几年的发展历史。在研究发展过程中也出现了多个流派，其中最主要的是日本和欧美的两种设计理念，两者之间存在着较大的区别：日本由于其水泥的制造水平较高，具有低热水泥等特种水泥，因此制造自密实混凝土的思路更加倾向于大量使用水泥等粉体材料，同时使用相对少量的水，通过减水剂的调节来满足自密实性能，这样的优点在于自密实混凝土工作性能稳定，其强度能够得到有效的保障；欧美方面则倾向于使用更多的砂、石和水，必要的时候使用增黏剂，这样的优点在于自密实混凝土造价低廉，但是自密实性能的实现相对困难，而且性能不够稳定。对比两种设计理念，由于自密实性能的检测体系的区别，尚不能明确地说明各自的优劣。但是，有一点可以明确的是：自密实混凝土一定会向着自密实性能更加合理稳定，造价更加低廉的方向发展。

在我国，自密实混凝土的研究和应用尚处于起步阶段，其发展的主要推动力量来自于两个方面：高等院校和聚羧酸减水剂的生产厂商。高校的研究是为了更好地在我国推广自密实混凝土这项先进的建设技术，使其能够为我国的建筑行业带来有利的变革。而聚羧酸减水剂生产厂商主要目的是为了推销其生产的聚羧酸减水剂产品。聚羧酸减水剂生产厂商选择自密实混凝土作为推广载体的一个主要原因是：目前市场上广泛使用的萘系减水剂的价格较低，对工作性能没有特殊要求的商品混凝土而言，聚羧酸减水剂的价格偏高，缺乏竞争力；而对于自密实混凝土来说使用普通的萘系减水剂不仅用量大，对比聚羧酸系减水剂并没有性能价格上的优势，而且效果也不理想。

## 第3节　自密实混凝土的应用

由于东京大学混凝土研究室作为发明者并没有通过专利保护来限制自密实混凝土技术的推广和使用，至1994年底，日本已有28个建筑公司掌握了自密实混凝土的技术。从日本各学会、技术刊物等发表的自密实高性能混凝土在土木工程中应用实例来看，自密实高性能混凝土的典型应用如图1.4所示。

图 1.4　自密实混凝土的主要应用范围

(1) 用于大体积建筑物。这类建筑物施工过程中混凝土浇筑量大、浇筑强度大，使用自密实混凝土可以显著提高施工速度，缩短工期。

(2) 用于钢筋密集、有特殊形状的工程。这类建筑物钢筋密集，钢筋间距小，使用常规混凝土时不易或者不能振捣密实，使用自密实混凝土可以确保建筑物中混凝土的密实。

(3) 用于混凝土预制件生产。混凝土预制件生产中一直存在噪声扰民的情况，同时常规混凝土的振捣密实过程对模板的损耗较大。使用自密实混凝土可以避免振捣、降低噪声，并且降低振捣过程对模板的消耗，延长模板的使用寿命。

近年来在日本不断有采用自密实混凝土成功的工程实例，欧美工程界也开始注意该项技术。在美国，为了保证混凝土的浇筑质量以确保钢筋混凝土的整体性，在钢筋密集和几何形状复杂的钢筋混凝土结构中，也使用大坍落度能自流平的混凝土，但仍强调需要适当的振捣以确保混凝土的足够密实。并且，截至2005年，欧洲一些国家的自密实混凝土用量已经达到总混凝土用量的10%～15%[10]，在许多重大工程和标志性工程中都取得了良好的技术经济效果。

在我国，北京、深圳、济南等城市也开始使用自密实混凝土，主要用于地下暗挖、密集配筋、形状复杂等无法浇筑或浇筑困难的部位，解决扰民问题、缩短工期等。但目前年用量还不到总混凝土使用量的1%，因此还具有很大的发展空间。

## 3.1 工程应用实例[11~18]

1. 日本明石大桥

日本明石大桥中跨1990m，1988年竣工时是世界上最长的悬索桥。明石大桥两主塔的施工采用了自密实混凝土，并在此工程引入一套非常有效的自密实混凝土生产、输送和浇筑系统。现场施工使用的混凝土粗骨料最大粒径40mm，从3m的高度落下而没有发生离析现象。自密实混凝土的使用最终使得主塔的施工工期缩短了约20%。

2. 日本Torihama镇高架桥桥墩

日本Torihama镇高架桥位于市区高速路，桥墩采用钢架型设计，钢筋非常密集。在进行桥墩墩帽施工时，考虑到常规混凝土的工作性能不能满足施工的要求，因此选择了高流态自密实混凝土。混凝土的整个浇筑过程中没有使用振捣器，硬化后也没有出现蜂窝现象，并且采用后期冷却避免了温度裂缝，表面光滑。

3. 北京市西单北大街东侧商业区热力改建工程

北京市西单北大街东侧商业区热力改建工程断面型式呈“口”形，埋深于地下，宽3.7m，高2.3m，全长160m，钢筋配置密集。设计采用平顶直墙暗挖法施工，且顶板设计采用模注混凝土，振捣成型施工难度很大。该工程在施工过程中使用北京城建构件厂提供的等级为C30、W6的免振捣自密实混凝土。所用混凝土具有很好的工作性能（坍落度大于或等于250mm），不需要振捣即可密实成型，为施工单位解决了施工难题，降低了劳动强度，使得施工质量得到了保证。现场混凝土抗渗性满足设计要求，拆模后混凝土表面光洁，无气泡，受到业主的认可和用户的好评。

4. 西单G3区改造工程

西单G3区改造工程位于宣武区未英胡同，为北京市危房改造工程。该工程底板厚600mm，采用双向$\phi$28@100布置，净距72mm，钢筋较稠密，采用等级为C30、W6的自密实混凝土。施工时实测混凝土坍落度为250mm左右，扩展度600～650mm，模型和配筋模型试验效果良好，施工过程泵送顺利。混凝土自布料处穿过钢筋向四周均匀自由扩展，骨料与砂浆无分离现象。浇筑过程中，曾尝试将振捣棒插入边模附近的混凝土中振捣，未观察到振捣棒四周混凝土有气泡上浮，说明不振捣亦可达到良好的密实成型效果。

5. 大亚湾核电站废料容器

大亚湾核电站废料容器为直径1.4m，高1.3m，壁厚130mm的圆筒状混凝土容器，用于盛装拌有核电站废料的混凝土，其质量要求严格，抗压强度要求大于50MPa，混凝土表面不得有细微的裂缝和气泡。原计划是采用流态高强混凝土，用振动台振捣成型，但是由于筒壁较薄并且混凝土黏稠，成型质量不理想，制品表面常有气泡和裂缝。后采用免振捣自密实混凝土浇筑核废料容器，成功解决了这一问题。混凝土28d抗压强度为64.1MPa，制品表面光洁，质量较以往大为改观。这一应用改变了传统的预制构件和水泥制管工艺，提高了产品质量和功效，取消了振动台，避免了轰鸣的振动声。

6. 首都机场新航站楼工程

首都机场新航站楼工程为国家重点工程，工程的南指挥廊二层柱子和筒体墙要求使用强度等级为C60的高强混凝土。并且是在已建成的三层结构下浇筑含有预埋件的二层柱子，要求与已完成的上下层结构连接成一体，不得有裂缝，施工难度很大，混凝土无法振捣。现场施工要求所使用的自密实混凝土在出厂5h内保持不振捣施工所需的工作性能。施工现场测混凝土坍落度达270mm，扩展度达700mm，混凝土7d抗压强度达60.3MPa，施工中混凝土出厂后6h仍具有不振捣施工所需的工作性能。并且通过补偿收缩等技术措施避免了混凝土的收缩和沉降可能造成新旧混凝土接缝不好的问题，达到了高强度免振自密实混凝土施工的新水平。

7. 堆石混凝土技术

2003年清华大学水利系金峰教授和安雪晖教授发明了堆石混凝土（Rock-Filled Concrete，简称RFC），该技术已申请中国国家技术专利。该技术是在自密实混凝土技术的基础上发展出的一种新型的大体积混凝土施工方式。该技术运用自密实混凝土充填预先堆放在施工仓面中的大块石，利用自密实混凝土卓越的流动性能和填充性能，使其非常好地填充堆石体中的空隙，形成致密的堆石混凝土。堆石混凝土技术不仅因为大量使用块石降低了成本，而且因为单方堆石混凝土中的粉体材料用量大幅度减少带来了收缩小、绝热温升低等优势，适合于大体积混凝土施工，简化施工工艺，提高浇筑效率。本书第4章将针对该技术进行详细介绍。

近年来自密实混凝土在世界上其他一些工程也有实际的应用，其中部分案例如表1.1所示。

**表1.1　自密实混凝土在国内外工程中应用的部分案例**

| 编号 | 工程名称 | 应用自密实混凝土解决的问题 | 强度等级 |
|---|---|---|---|
| 1 | 北京以色列大使馆 | 大使馆球形屋顶混凝土厚仅20cm，配筋过密，难于振捣和密实 | C55 |
| 2 | 天津南水北调闸 | 配筋过密，柱子断面狭小，无法实施内部振捣 | |
| 3 | 新北京电视台 | 钢管混凝土难于振捣和密实 | C60 |

续表

| 编号 | 工程名称 | 应用自密实混凝土解决的问题 | 强度等级 |
|---|---|---|---|
| 4 | 澳门电视塔 | 该结构在基础附近有支柱，支柱内密布钢筋，由于无法接近，这些支柱上部10m无法振捣；在距离地面220m高的位置，自密实混凝土被垂直泵送完成浇筑 | C55<br>低渗透性<br>塔身50年<br>免维修 |
| 5 | 台湾长庚医院复建分院 | 基础与主体结构使用自密实混凝土，免振捣施工，工期短，浇筑了26万$m^3$自密实混凝土 | C28 |
| 6 | 台湾台北101金融大楼 | 免振捣施工，柱内灌浆，工期短，浇筑了16万$m^3$自密实混凝土 | C70<br>C42 |
| 7 | 瑞士卢塞恩博物馆旋转餐厅 | 密布钢筋且难于接近，给浇筑造成困难 | |
| 8 | 瑞士Lutry淡水馆 | 地下结构，接近施工现场困难，泵送距离120m | |
| 9 | 智利圣地亚哥住宅区 | 两层楼房墙厚只有10cm，一些墙有密集的钢筋，在墙上有许多的管子，一些地方不能振捣。在使用常规混凝土失败后使用自密实混凝土获得了良好的效果 | C30 |

## 3.2 应用瓶颈

自密实混凝土刚出现时，无论是在国外还是在国内，在研究者和使用者眼中都是高性能的混凝土，从经济性的角度来说也意味着是高价格的混凝土。研究者更多的愿意研究如何制造出更加优良的自密实混凝土，而使用者也大多是在遇到特殊复杂问题、在万不得已的情况下使用自密实混凝土。

发明自密实混凝土的初衷是为了能够更好地保证混凝土的成型质量，提高结构的耐久性能，但是随着人们对于自密实混凝土认识的提高，其作用与意义已经远不止于此。自密实混凝土是一项能够给施工工艺带来巨大变革的建筑材料，只有在实际工程中大量使用自密实混凝土，才能真正全面地发挥这种材料的性能优势。然而，近年来世界各国使用自密实混凝土所面临的共同问题就是：自密实混凝土的高成本和高售价。

在一些人工费用高昂的国家，使用自密实混凝土虽然会在材料方面增加造价，但是由于使用了自密实混凝土降低了施工难度，提高了施工进度，因此在综合成本的核算上反而能够接近使用常规混凝土的成本甚至有所降低。例如，瑞典的一栋办公楼使用了自密实混凝土，其成本核算如表1.2所示，通过对比能够发现，在这个案例中使用自密实混凝土所能够带来的经济效益主要来自劳动力成本，因此使用自密实混凝土能够降低总成本。如果不考虑劳动力成本的差价，那么使用自密实混凝土的总成本比使用常规混凝土的总成本高出8.5%。我国的劳动力成本相对廉价，如果无法有效降低自密实混凝土的成本价格，很难通过施工上节省的成本拉平综合造价，不可避免地增加了工程的总造价。虽然自密实混凝土能够为施工带来便利，有利于结构的耐久性，能够降低后期维护成本，但是如果使用自密实混凝土在总造价上高出常规混凝土，结合我国建筑市场的实际情况，无论是开发商还是施工方都不会愿意使用自密实混凝土，因为它不能够带来短期直接的效益。因此，自密实混凝土的价格是制约自密实混凝土应用和发展的瓶颈。

**表1.2　瑞典某办公楼使用自密实混凝土的成本核算**

**混凝土用量3000m³**

| 项　目 | 常规混凝土 | 自密实混凝土 | 以常规混凝土为基准的对比 |
|---|---|---|---|
| 混凝土成本 | 270000欧元 | 293000欧元 | 1.085 |
| 劳动力成本 | 50000欧元 | 15000欧元 | 0.3 |
| 设备成本 | 10000欧元 | 2000欧元 | 0.2 |
| 总成本 | 330000欧元 | 310000欧元 | 0.939 |

**注**　数据来源：西卡公司。

但是，随着对自密实混凝土配合比研究的深入，在满足硬化后强度和耐久性能的前提下，逐渐使用大量粉体材料代替水泥，使得自密实混凝土的单价大大降低，其单价与商品混凝土搅拌站相同等级的泵送混凝土基本持平。自密实混凝土的价格瓶颈已被逐渐突破，其应用范围将越来越广泛。

## 第 4 节　自密实混凝土的效益

与常规混凝土相比，自密实混凝土在施工中无需振捣设备和抹面工序，养护和材料运输的工作量大大减少，预制件生产中对模板的质量和刚度要求降低等，如图 1.5 所示。以上诸多优势可

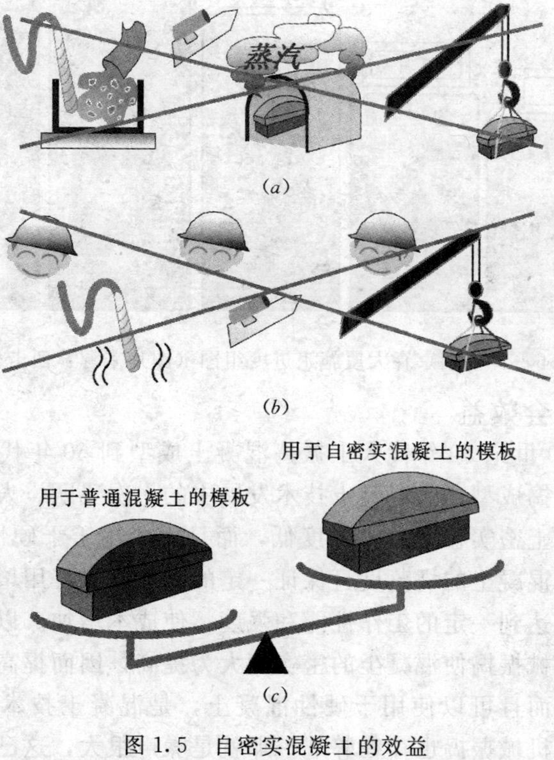


图 1.5　自密实混凝土的效益

(*a*) 减少能耗，减少机械损耗；(*b*) 节约人工，改善施工环境；
(*c*) 预制件生产中对模板要求降低，降低模板消耗

以带来多方面的效益，如改善施工环境、有利于规范化施工、降低工程造价、节约成本等。

2003年在日本东京建成的高达238m的森大厦（Mori Tower），如图1.6所示，使用高抛泵送自密实混凝土技术浇筑完成钢管混凝土柱，泵送高度达到100m以上，大大缩短了工期，仅用了10个月就竣工投入使用。在这种寸土寸金的地段，早一天投入使用所带来的社会效益和经济效益都是很可观的。

图1.6　日本东京森大厦施工进度组图（图片来源：西卡公司）

## 4.1　社会效益

从20世纪50年代人工振捣混凝土成型到60年代以后发展的机械振捣成型，是混凝土技术发展中的一次飞跃。人工振捣成型的混凝土密实程度差、强度低，而且不能用于干硬性混凝土。为了提高混凝土的坍落度且保证一定的强度，只好用增加水泥用量的方法达到一定的工作性能和强度，使成本增加。以高频振捣为主的机械振捣使混凝土的密实度大为提高，因而提高了混凝土的强度，而且可以使用干硬性混凝土，是混凝土技术的一大进步。但是机械振捣也存在弊端，那就是噪声很大，这已成为建筑施工中的一大公害。另外混凝土振捣成型需一定数量的有经验的工人，施工作业强度大，要有严密的施工组织，一旦漏振或者过振便会产生结构性能上和外观上的缺陷。免振捣自密实混凝土在保证混凝土质量的前提下成功解决了机械振捣的噪声问题，同时又简化了施工工序，提高了施工质量，是混凝土技术的又一大进步。

关于噪声污染问题，北京市环境保护监测中心曾进行过专门测试。在任何施工机械车辆都不开动的情况下环境噪声 52dB，只开动一根振捣棒而其他施工机械全部关闭，距施工地点 40m 远处噪声为 68.7dB，开动两根振捣棒时为 74dB。关闭振捣器，采用免振捣自密实混凝土施工，当泵车和混凝土罐车全部开动时，距离施工地点 40m 处噪声只有 56.1dB。比环境噪音仅增加了 4.1dB，由此可见自密实混凝土消除振捣噪声的效果是非常显著的[14]。

自密实混凝土除了可以从根本上解决机械振捣的施工噪声问题外，其带来的社会效益还表现为：掺和料可以大量使用磨细高炉矿渣、电厂粉煤灰等活性材料，有利于环保和废料利用；省去振捣工序，在城市市区和居民住宅区可以连续施工，并能提高施工速度，缩短建设工期；有利于预拌混凝土的发展，促进建设工程中钢筋混凝土质量的提高。

## 4.2　经济效益

除了上述众多社会效益外，免振捣自密实混凝土还具有显著的经济效益，主要表现为以下几点：

(1) 与机械振捣相比，由于不存在扰民问题，可以 24h 作业，因此可以缩短工期，从而创造显著的间接经济效益。

(2) 由于取消了振捣成型，不仅可以提高施工速度，并可保证钢筋、埋件及预留孔洞位置不因振捣而移位，相应减少加固措施费用，并且有利于结构质量。不会因混凝土施工的技术问题而人为造成混凝土质量缺陷，节约了此类修复费用。

(3) 由于取消了振捣机械及振捣工序，因而节省了振捣设备，减少了机械费用、能耗费用及人工费。初步测算，由于取消机械振捣、振捣工和辅助工及减少电能消耗，由此产生的直接经济效益为：浇筑自密实混凝土可以减少机械损耗费 1.9 元/$m^3$，按混凝土施工定额计算节省人工 0.2 工时，电费 0.15 元，人工费按熟练工每日 30 元计，混凝土生产的直接效益合计 8.75 元/$m^3$。根据北京城建集团商品混凝土生产站的混凝土生产情况，同强度等级的自密实混凝土原材料成本与一般泵送商品混凝土相当，即自密实混凝土直接效益不低于 8.75 元/$m^3$。

## 第5节 本书术语定义

1. 自密实混凝土

具有高流动性、均匀性和稳定性，不离析，浇筑时依靠其自重流动，无需振捣而达到密实的混凝土。

2. 自密实性能

混凝土在不发生骨料离析的条件下具有较高的流动性，在浇筑过程中不需要施加任何振动捣实，凭借其自重能完全填充钢筋间隙及模板各角落的能力。

3. 粉体材料

自密实混凝土中所使用的各种粉体材料，包括水泥、磨细高炉矿渣和电厂粉煤灰等矿物掺和料，以及骨料中粒径小于 0.075mm 的颗粒。

4. 矿物掺和料

出于经济考虑或为了改善混凝土的某些性能而掺入的矿物材料。

5. 水粉比

单位体积拌和水与单位体积粉体量的体积之比。

6. 质量水胶比

单位用水质量与胶凝材料（水泥加矿物掺和料）总质量之比。

7. 体积水胶比

单位用水体积与胶凝材料（水泥加矿物掺和料）总体积

之比。

8. 高效减水剂（超塑化剂）

聚羧酸类减水剂。

9. 材料抗离析性能

混凝土在运输和浇筑过程中保持各组分均匀，抵抗骨料在自重或外力作用下与浆体发生分离的能力。

10. 流动性能

混凝土在重力或外力下发生流动的难易程度。

11. 流动距离

混凝土在自重下水平流动的极限距离。

12. 间隙通过能力

在没有振捣的施工条件下，混凝土依靠自重通过钢筋间隙且不离析不堵塞的能力。

13. 变形性能

变形的量，利用坍落度试验测量得到坍落面大小来衡量。

14. 黏性

变形的状态或速度，变形速度越快黏性越小。利用从V形漏斗中流出的时间来衡量。

15. 工作性能

混凝土在施工过程中浇筑的难易程度，以及硬化后的均匀密实程度。

16. 单位粗骨料密实体积

单方混凝土中粗骨料实际占据的体积。

17. 单位粗骨料松堆体积

单方混凝土中粗骨料在松堆状况下的体积。

18. 坍落扩展度

用坍落度筒测量混凝土坍落度之后，随即测量混凝土拌和物坍落扩展终止后扩展面相互垂直的两个直径，其两直径的平均值即为坍落扩展度，单位：mm。

19. 500mm 扩展时间 T50

用坍落度筒测量混凝土坍落度时，自坍落度筒提起开始计时至坍落扩展度达到 500mm 的时间即为 T50，单位：s。

20. V 形漏斗试验

采用 V 形漏斗，检验自密实混凝土抗离析性能的一种试验方法。将混凝土拌和物装满 V 形漏斗，从开启出料口底盖开始计时，记录拌和物全部流出出料口所经历的时间，单位：s。

21. U 形箱试验

采用规定尺寸和规格的 U 形箱，检测自密实混凝土拌和物通过钢筋间隙，并自行填充至箱内各个部位能力的一种试验方法。

22. 全量检测

采用规定的检测仪，在自密实混凝土浇筑前实时检测全部混凝土自密实性能的一种试验方法。

# 第2章 自密实混凝土材料技术指南

在进行自密实混凝土配合比设计的时候，要根据结构物的结构条件和施工条件进行详细分析，以便确定自密实混凝土应该满足的性能要求。对自密实混凝土而言，工程所需的性能包括自密实性能、易施工性、强度、耐久性、抗渗性、抗裂性和保护钢筋的性能等。与常规混凝土相比，自密实混凝土特有的性能要求为自密实性能，硬化后的各种性能要求与常规混凝土类似，强度等级、弹性模量、收缩和耐久性能等其他性能符合设计要求或者相关标准即可。以下针对自密实混凝土与常规混凝土的不同之处分别进行简单介绍。

1. 强度

自密实混凝土属于高性能混凝土，可有很宽的强度范围，即从C15到C60以上。我国目前大量使用的是C30～C40。为了保证及时拆模，成型后在标准条件下24h抗压强度应不小于5MPa。

2. 弹性模量

由于粗骨料用量少，自密实混凝土比使用同一品种骨料的常规混凝土弹性模量稍低。研究表明，相同强度等级的自密实混凝土的弹性模量比常规混凝土降低5%～15%[19, 20]。可以通过适当提高配置强度、增加粉煤灰掺量、添加适量合成短纤维等措施提高弹性模量。

3. 收缩

通常认为，自密实混凝土中粗骨料用量少而粉体材料用量大，收缩会较大，容易产生有害裂缝。但研究表明，混凝土的收缩主要取决于浇筑后的养护条件，相同强度等级的条件下自密实混凝土的收缩不仅不一定比常规混凝土大，甚至还可能较小[19,20]。并且由于自密实混凝土硬化后内部结构均匀，也不易产生有害裂缝[21]。实际工程中可根据结构形式、构件尺寸、施工条件、工程性质等的不同，研究不同的目标。掺用粉煤灰和少量膨胀剂有利于减少收缩。掺用合成纤维不仅可以减小收缩，也可提高抗裂性能。

4. 抗碳化性

常规混凝土的碳化速率和水灰比近似于线性关系。掺入矿物细掺料后，在相同水灰比下，碳化速率增加。降低混凝土水胶比，则可达到相近的碳化速率。混凝土在掺用大量混合材料后，碱度大大降低，会加速碳化而不利于对钢筋的保护。但是由于自密实混凝土水胶比很低，硬化后混凝土密实度较高，抵抗碳化的能力也随之较强。试验结果表明，在相同强度等级的条件下，自密实混凝土与常规混凝土相比，抗碳化性能并无明显差别[22]。

5. 其他

掺用一定量的引气剂，是抵抗冻融，特别是除冰盐作用的有效措施。在日本多使用引气型减水剂（AE 减水剂）。由于掺入大量矿物细掺料，自密实混凝土有很好的抗化学侵蚀和抗碱骨料反应的能力。

## 第 1 节　混凝土的自密实理论

### 1.1　新拌混凝土的填充能力

混凝土浇筑时出现的离析泌水和蜂窝孔洞等早期缺陷将严重影响到混凝土结构物的耐久性。新拌混凝土在流经钢筋间的狭窄区域以及复杂形状的模板时，必须具有足够的变形能力和抗离析能力才能完全填充模板内部，因此评价新拌混凝土变形能力和抗离析能力的指标即为填充能力。一般来说，结构要求的填充能力由结构设计和浇筑方法决定，当新拌混凝土的填充能力低于结构要求的填充能力时，就会出现骨料离析和蜂窝孔洞现象。

一般来讲，新拌混凝土拌和物的变形能力和抗离析能力是互相矛盾的，变形能力的增加通常会导致抗离析能力的降低。常用的混凝土坍落度试验是评价混凝土工作性能的方法之一，但是在试验中混凝土为自由流动，流动过程中没有障碍的影响，并不能模拟混凝土在实际结构物中的流动状态，所以坍落度值并不能完全反映混凝土在实际结构中的填充能力。

### 1.1.1　新拌混凝土通过狭窄区域时的填充能力

为了更好地认识自密实混凝土在实际结构中的流动状况，通过试验模拟来研究新拌混凝土在流经狭窄区域时的流动状态。试验装置如图 2.1 所示[23]，为一底部开口并绑有双向钢筋的容器。将一定体积（30L）的新拌混凝土倒入该容器后，混凝土会在自重的作用下通过底部钢筋，则通过钢筋的混凝土量就可以反映实际结构中混凝土的填充性能。试验中所用容器截面尺寸为 30cm×30cm，底部双向钢筋间距均为 5cm。

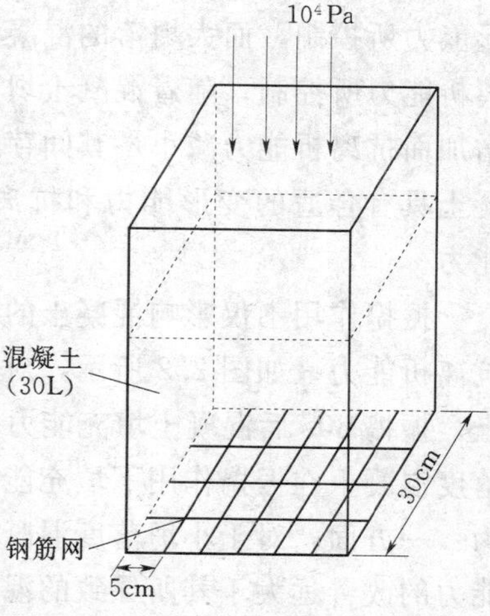

图 2.1　填充能力试验装置及方案

初次试验时，采用通过改变混凝土用水量的方法来控制混凝土坍落度的变化，然后测量不同坍落度下所能通过底部钢筋的混凝土量，试验结果如图 2.2 所示。从混凝土坍落度与通过钢筋的量之间的关系曲线上可以看出，在混凝土坍落度较小时，通过钢筋的混凝土量随着坍落度的增大而增加；而在混凝土坍落度较大时，通过钢筋的混凝土量则随着坍落度的增大而减少。通过对试验过程中混凝土发生堵塞时的观察和分析，发现发生以上现象的主要原因为：当混凝土坍落度较小时，混凝土的变形能力较低，通过致密钢筋网的能力很差；而通过增加用水量虽然可以使得混凝

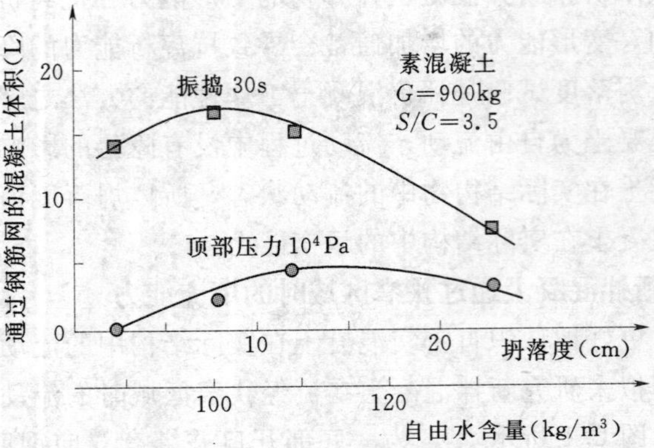


图 2.2　试验中通过的混凝土体积

土坍落度增大，但是随之产生的离析泌水现象将会引起骨料间相互碰撞，在钢筋密集处发生堵塞，同样无法顺利通过致密的钢筋网。也就是说，小坍落度的混凝土的填充能力主要由混凝土的变形能力所控制，而大坍落的混凝土的填充能力主要由混凝土的抗离析能力所控制；随着混凝土坍落度的增加，混凝土的变形能力增加而抗离析能力减小，其间存在一个适当的坍落度值，使得混凝土具有合适的变形能力和抗离析能力，从而具有最大的填充能力。

振捣作用不仅影响混凝土的变形能力，同时也影响混凝土的抗离析能力。如图 2.2 所示，对于试验中所用的不同坍落度混凝土，振捣 30s 后混凝土填充能力均有不同程度的增加，其中小坍落度混凝土在振捣作用下填充能力的增加幅度相对较大。这是因为：一方面，对于小坍落度混凝土来说，振捣作用对混凝土变形能力的改善远大于其所导致的混凝土抗离析能力的降低，从而使得混凝土的填充能力大幅度增加；另一方面，对于大坍落度的混凝土来说，振捣作用对变形能力的改善只略大于其所导致的混凝土抗离析能力的降低，所以大坍落度混凝土在振捣作用下填充能力增加的幅度不及小坍落度混凝土。

### 1.1.2 新拌混凝土中的自由水

新拌混凝土的填充能力主要由其自身的变形能力和抗离析能力综合决定，而影响新拌混凝土变形能力和抗离析能力的主要因素为其中的自由水。所谓自由水，即单位体积新拌混凝土中没有被砂和粉体材料所吸收的水，定义如下：

$$W_f = W - (W_p - W_s) \tag{2.1}$$

$$W_p = \beta_p P \tag{2.2}$$

$$W_s = \beta_s S \tag{2.3}$$

式中：$W_f$ 为单位体积混凝土中的自由水量；$W$ 为单位体积混凝土的总用水量；$W_p$ 和 $W_s$ 分别为单位体积混凝土中粉体材料和砂中的含水量；$\beta_p$ 和 $\beta_s$ 分别为粉体材料和砂的含水率；$P$ 为单位体积混凝土粉体用量；$S$ 为单位体积混凝土砂用量。

在生产混凝土所使用的各种材料中，水的变形能力最大。一般情况下，可以将新拌混凝土中被砂和粉体材料所吸收的水看作固体材料，因为该部分水不会影响新拌混凝土的变形能力。其余的水为新拌混凝土中的自由水，是混凝土中的液体材料，是混凝土变形能力的主要控制因素。混凝土的变形能力会随着自由水的增加而增加，而其抗离析能力与自由水量之间的关系又是如何呢？

通过对混凝土的填充性能试验过程的观察，发现新拌混凝土在流动过程中发生离析的机理如下：在混凝土的流动过程中粗骨料颗粒相互碰撞，在流经障碍物周围的狭窄区域时粗骨料颗粒间碰撞剧烈增加，然后会在狭窄区域形成拱形，堵塞混凝土的流动。而此时，混凝土中的砂浆则可以从粗骨料颗粒间的孔隙中通过。但是，同样的现象也会发生在砂浆中，在砂浆流经粗骨料颗粒间的狭窄间隙时，砂颗粒间的剧烈碰撞也会导致其在粗骨料颗粒间的空隙处形成拱形，从而堵塞流动。堵塞最终导致只有水泥浆和水才能通过砂颗粒间的孔隙，造成了混凝土的离析泌水现象。

在新拌混凝土的填充能力试验中，混凝土通过钢筋网时粗骨料颗粒会彼此靠近，其间的砂浆受力状态如图 2.3（*a*）所示，同时受到正应力和剪应力的作用。通过图 2.3（*b*）所示试验模拟粗骨料之间的应力传递机理[5,24,25]：将一定量含较少自由水的低水粉比浆体放置在两块平行钢板中，然后在正应力作用下进行不同浆体的钢板剪切试验。

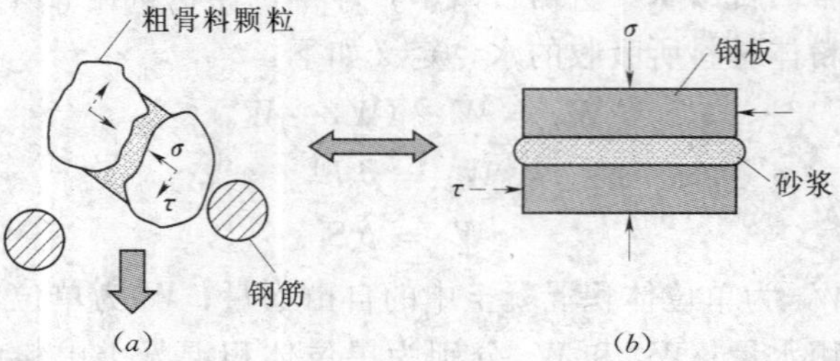


图 2.3 骨料间浆体的状态

试验结果中浆体的抗剪能力与水粉比之间的关系如图 2.4 所示。浆体的抗剪能力主要由其中粉体颗粒间的相互作用决定，比如碰撞和摩擦。浆体的水粉比越大，粉体颗粒间的距离也越大，其间相互作用时所产生的应力越小。但是通过试验发现水粉比较大时，随着水粉比的增加，浆体的抗剪能力也增加。产生这种现

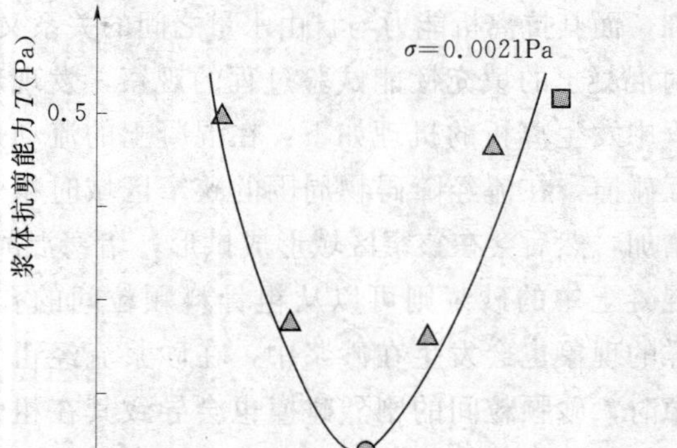


图 2.4 浆体抗剪能力-水粉比关系曲线

象的主要原因在于，这些水粉比较大的浆体中含有大量的自由水，当在钢板上施加正应力时，相当一部分自由水从浆体中析出。抗剪能力的增加主要是由钢板间的剩余浆体所决定，因此，浆体的水粉比越高，钢板间的缝隙就会越小，钢板间浆体的抗剪能力也随之越大。在这两种截然相反的影响因素的作用下，浆体中存在一个合适的自由水量使得其抗剪能力最低，此时浆体中粉体颗粒间的碰撞和摩擦不太强烈，同时在正应力的作用下自由水也不会析出。

同样，在混凝土中自由水量较少的情况下，粗骨料颗粒间的砂浆所受的应力较大，但是可以有效抑制粗骨料颗粒间的碰撞和堆积。因此，在混凝土未发生离析泌水的情况下，混凝土的流动能力主要由粗骨料颗粒间砂浆所受的应力决定。当砂浆间所受应力增加至一定程度时，混凝土会开始流动。而在混凝土中自由水量较多的情况下，粗骨料颗粒相互靠近所引起的砂浆正应力增加使得其中的水很容易析出。此时，新拌混凝土的流动应力主要由粗骨料颗粒间的碰撞和摩擦所引起的抗剪应力决定。随着粗骨料颗粒间的抗剪应力增加，粗骨料颗粒会在狭窄区域聚集形成拱形，从而导致离析泌水现象的产生。

振捣作用可以改变颗粒间所形成的结构，从而降低砂浆内颗粒间的抗剪应力，同时也会使得砂和粉体材料的含水量降低，从而导致拌和物中自由水量增加。这两点就是在振捣作用下混凝土填充能力曲线的峰值向着小坍落度方向移动的主要原因。

高效减水剂可以有效防止粉体颗粒和细砂颗粒形成凝聚结构，释放粉体和细砂颗粒中所包含的水，所以在混凝土生产中一般被用作添加剂来增加新拌混凝土中的自由水量。在新拌混凝土填充能力试验中，保持混凝土配合比不变的情况下只改变高效减水剂的用量，然后通过检测混凝土的填充能力来检验高效减水剂的分散作用，其试验结果如图 2.5 所示。由于改变高效减水剂用量引起的新拌混凝土坍落度变化与通过钢筋的混凝土量之间的关系与图 2.2 相似，从而可以说明，由高效减水剂所控制的自由水量同样是决定混凝土填充能力的重要因素之一。

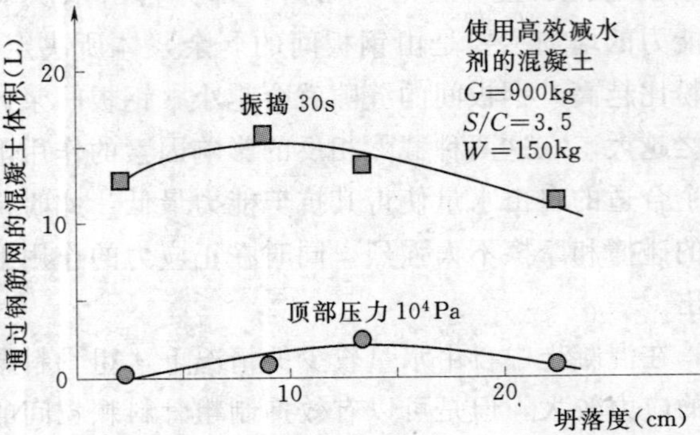


图 2.5　添加高效减水剂后通过的混凝土体积

如果原材料中粉体材料和砂的含水率已经测定，则新拌混凝土中的自由水量可以通过计算得到。一般来说，新拌混凝土的变形能力通过混凝土坍落度值来反映，在流动过程中发生离析泌水的几率可以通过体积砂率（单位体积砂浆中砂所占的比例）来表征。通过试验发现新拌混凝土的自由水量与混凝土坍落度值之间为线性关系，与体积砂率的降低比例之间存在非线性关系，分别如图 2.6 和图 2.7 所示，并且自由水量的增加会导致混凝土的抗离析能力显著降低。

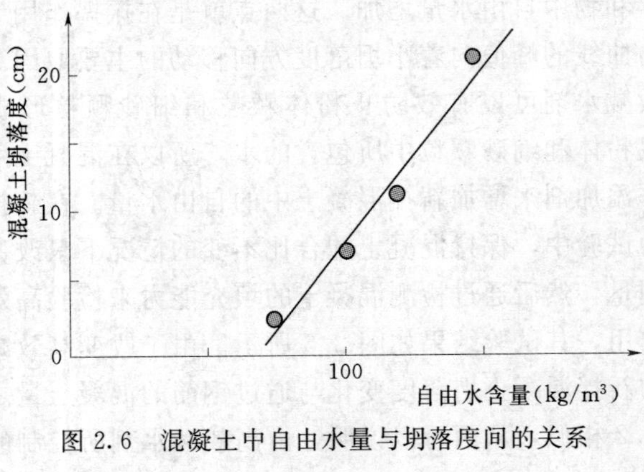


图 2.6　混凝土中自由水量与坍落度间的关系

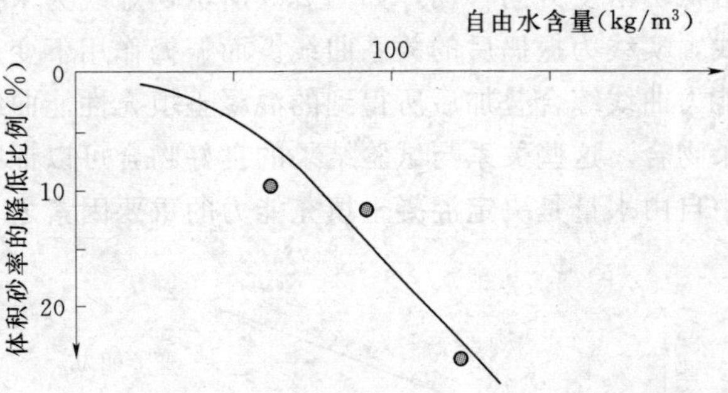


图 2.7　混凝土中自由水量与体积砂率降低比例间的关系

由混凝土中自由水量与坍落度值间的线性关系容易得到混凝土坍落度与变形能力和抗离析能力间的关系，如图 2.8 中实线所示。随着混凝土坍落度的增加，变形能力越来越高，而抗离析能力越来越低。将这两条曲线综合叠加可以得到图 2.8 中虚线，即为混凝土坍落度与填充能力间的关系。随着混凝土坍落度的增加，填充能力先增加后降低，并且该曲线与通过试验得到的坍落度值和混凝土填充能力之间的关系吻合很好。

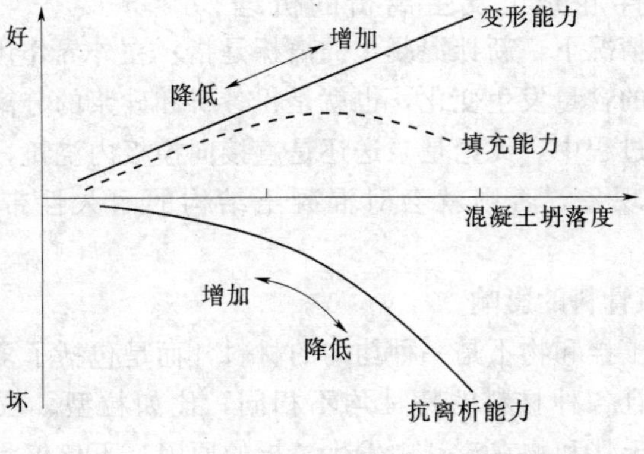


图 2.8　混凝土坍落度与填充能力间的关系

而在振捣作用下，混凝土中的自由水量增加，从而导致混凝土的变形能力曲线和抗离析能力曲线都在图 2.8 中关系曲线的基础上向着低坍落度方向移动，如图 2.9 所示，虚线为未振捣时的关系曲线，实线为振捣后的关系曲线。而振捣作用下变形能力和抗离析能力曲线综合叠加后所得到的混凝土填充性能曲线同样与试验结果吻合。这些关系与试验结果的良好吻合可以证明混凝土拌和物中自由水量是决定混凝土填充能力的重要因素之一。

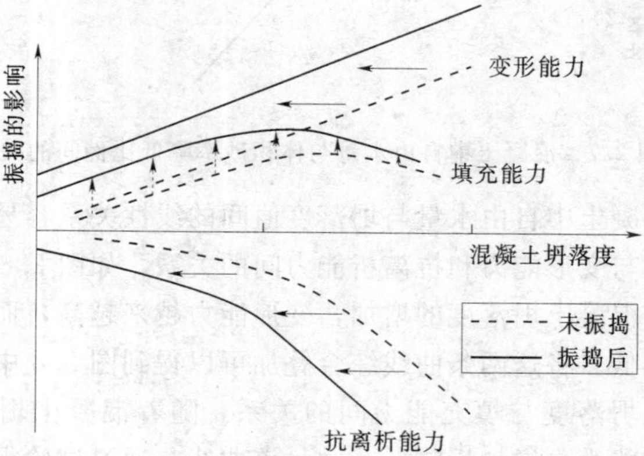


图 2.9 振捣作用下混凝土坍落度与填充能力间的关系

## 1.2 新拌混凝土发生离析的机理

一般情况下，新拌混凝土的离析是指：在外界作用下拌和物中各组分的含量发生变化，也就是粗骨料和砂浆的分离。在混凝土的施工过程中，无论是泵送还是直接向模板内浇筑，都不应该发生离析现象，否则就会对混凝土结构的耐久性带来一定的问题。

### 1.2.1 粗骨料的影响

混凝土拌和物不是一种均匀的材料，而是包括了多种不同的材料，并且各种材料的特性均不相同，比如粒型、粒径和密度等。混凝土拌和物在流动中发生离析的原因，不仅仅是传统认为的粗骨料与砂浆的比重不同，粗骨料颗粒间的相互碰撞摩擦也是导致流动过程中的材料分离的重要原因之一。那些大粒径粗骨料颗粒间的剪胀和碰撞在混凝土拌和物发生剪切变形时起决定作用，同时会引起堵塞和离析泌水。一般来说，在混凝土的流动过程中如果没有发生变形，是不存在骨料颗粒碰撞问题的，但是在实际结构中必定存在钢筋阻挡、断面缩小、分流或结构变化等阻碍混凝土的流动。当混凝土在流动过程中遇到这些瓶颈状阻碍时，必定会发生变形，就有可能导致粗骨料颗粒间的碰撞堵塞。

针对混凝土拌和物充填性能的试验研究表明，粗骨料颗粒间相互碰撞摩擦形成拱形堵塞的几率随着粗骨料颗粒间的间距减小而增加，在粗骨料颗粒间间距低于某个临界值时就一定会发生堵塞。这一临界值的大小与砂浆的性质有关。混凝土拌和物流动过程中所通过狭窄区域的特征尺寸与骨料平均粒径之比小于 10 时，该比例数值与发生堵塞的粗骨料的量成线性关系。所以对于不同的障碍物均存在一个临界粗骨料用量，而这个粗骨料用量的临界值与砂浆的特性有关。所以，在混凝土中限制粗骨料的含量可以有效避免混凝土发生变形时粗骨料颗粒间的碰撞摩擦。Hashimoto 的混凝土模型可视化试验可以有效揭示混凝土流动中粗骨料的移动特性[26]。试验中所使用的混凝土模型采用吸水聚合物模拟混凝土中液相——砂浆，塑料球或者轻骨料模拟混凝土中的固相——粗骨料，用摄像机实时拍摄混凝土模型在管道断面变化处的流动状况。该试验对混凝土流动的流动过程进行理想简化，与结构中混凝土的实际流动过程并不相同，但是可以通过试验得到混凝土模型在流动过程中骨料颗粒的移动特性，从而可以分析得到混凝土流动过程中发生离析泌水现象的过程和机理。

试验结果表明，高黏度的液相可以明显减弱固体颗粒间的相互碰撞，其带来的颗粒间变形的重分布会导致颗粒间接触应力的减小，从而可以顺利通过结构变形的瓶颈部位。高黏度的液相可以有效减小颗粒间的剪切应力，使所有的固相形成一个整体，这就是高黏度砂浆可以防止骨料堵塞和混凝土离析现象发生的原因。

### 1.2.2　砂浆

对于新拌混凝土来说，砂浆的体积砂率是导致堵塞现象发生的重要因素之一。所以，在研究粉体材料对堵塞现象的影响之前，首先进行了砂对堵塞现象影响的试验研究[5]。试验装置如图2.10所示，为直径10cm并带有一活塞的钢筒，并且活塞上开有3个直径为10mm的孔。试验中在钢筒内充满砂浆，然后使活塞以一定速率向下移动，则筒中砂浆就会从活塞上的孔中穿过。并且将发生堵塞现象时通过活塞的砂的体积定义为堵塞体积。试验结果中砂浆的体积砂率与发生堵塞现象的几率之间的关系如图2.11所示，并且其中存在两个临界体积砂率42%和44%。当砂浆的体积砂率超过第一个临界值42%时会发生堵塞现象，并且堵塞几率随着体积砂率的增加而增加；而当砂浆的体积砂率超过第二个临界值44%时，堵塞几率为100%，也就是说必定会发生堵塞。

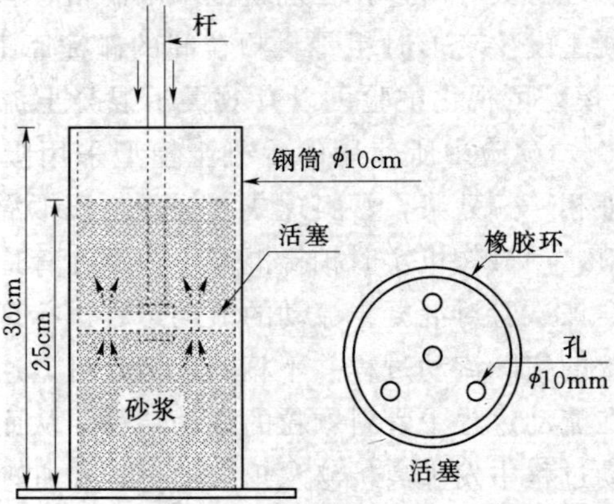


图 2.10 砂浆堵塞试验装置

通过试验发现，不仅砂浆的体积砂率是反映堵塞现象的重要指标，砂的粒径也是影响堵塞现象的主要因素之一。分别采用3种不同粒径范围（0.6～1.2mm、1.2～2.5mm和2.5～5mm）内的砂进行上述试验，试验结果如图2.12所示。从试验结果中发现，发生堵塞现象的主要影响因素为砂的平均粒径，堵塞体积随着砂平均粒径的增加而减小。在此试验的基础上进一步发现，在粒径级配连续的砂中各粒径范围内的砂对堵塞现象的影响是独立的，不受其他粒径范围的砂所影响。

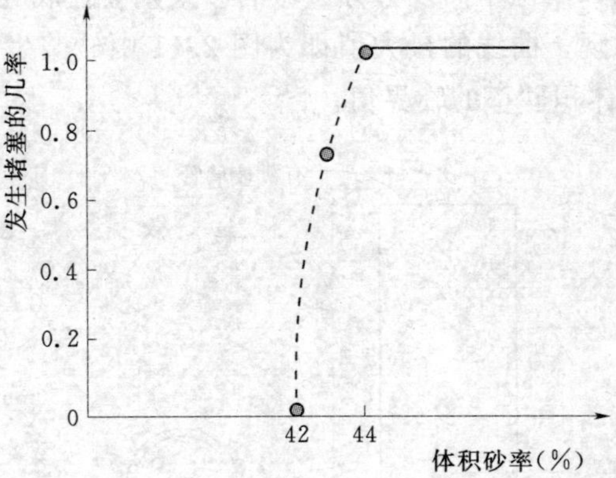


图 2.11　砂浆堵塞几率与体积砂率间的关系

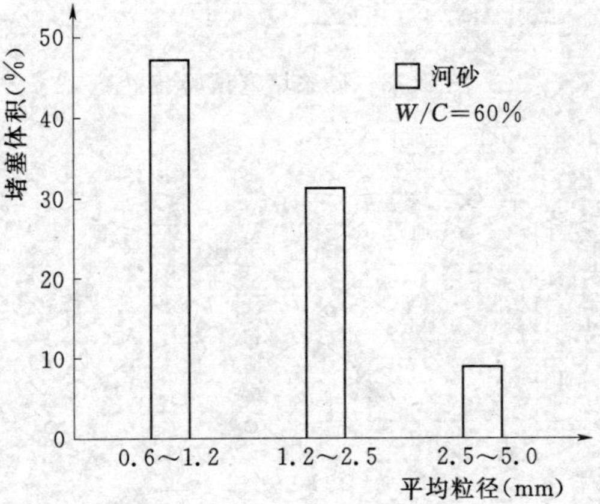


图 2.12　堵塞体积与砂平均粒径间的关系

此外，还通过试验来模拟混凝土的粗骨料颗粒间缝隙中砂浆的流动，试验装置如图 2.13 所示，直径为 150mm 的有机玻璃筒，并在底部开有 6 个直径为 10mm 的孔。试验中将一定量的砂浆放入有机玻璃筒中，并观察其从底孔中流出时的状态，来研究砂浆在小开口处的流动机理。试验结果中砂浆的水灰比与体积砂率之间的关系如图 2.14 所示。位于曲线下方区域的砂浆可以顺利通过底孔，而位于曲线上方区域的砂浆则会在底孔处堵塞。并且也可以发现，曲线的最大值即为图 2.11 中砂浆发生堵塞几率为 100%时体积砂率的临界值。

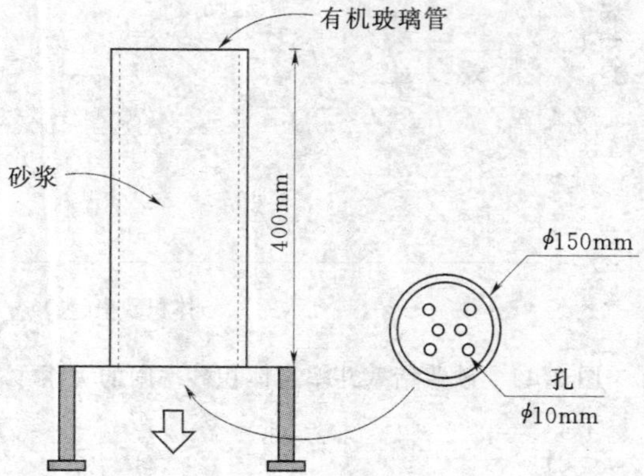


图 2.13 砂浆堵塞试验装置

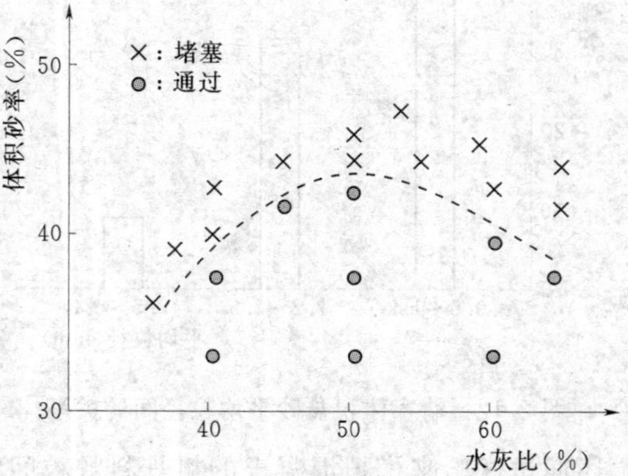


图 2.14 水灰比与体积砂率间关系

对上述试验结果进行分析后得到，试验中造成砂浆在底孔处堵塞的机理有两种，如图 2.15 所示，分别是浆体的变形能力和抗离析能力。左侧曲线为砂浆的变形性能曲线，此条曲线上方的砂浆是由于变形能力不够而不能通过底孔，并没有发生离析现象；右侧曲线为砂浆的抗离析性能曲线，此条曲线上方的砂浆均是因为发生了离析泌水现象而在底孔处堵塞停止流动。而试验结果曲线则是由这两种机理分别对应的曲线组合而成。

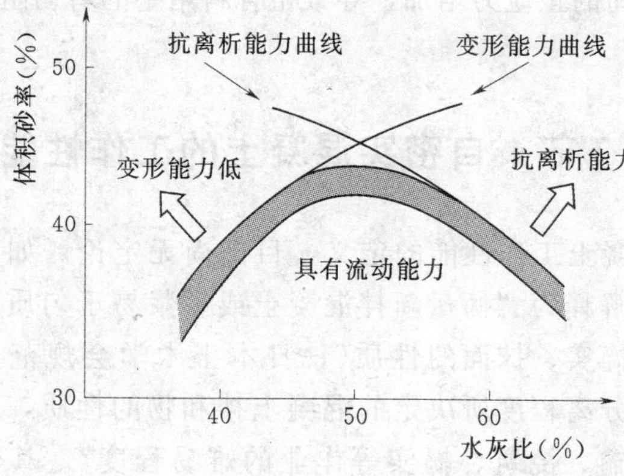


图 2.15　砂浆变形能力与抗离析能力的平衡

前面已经介绍的浆体的剪切试验的具体试验结果如图 2.16 所示[25]。在 3 种不同水粉比的砂浆中，水粉比最高的砂浆的抗剪能力对正应力的变化最为敏感，水粉比最低的砂浆对正应力的

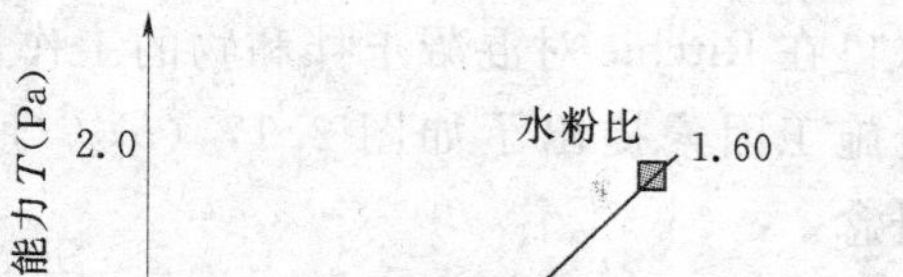


图 2.16　砂浆抗剪能力与正应力间的关系

敏感性次之。水粉比居中的砂浆的敏感性最低，其抗剪能力几乎不依赖于正应力的大小。与其他水粉比砂浆相比，水粉比居中的砂浆的性质类似于黏性流体，抗剪应力不随着正应力的变化而变化。以上结果表明，固体颗粒间发生剪切移动时其间的浆体内部同时存在摩擦和黏性体性质，其中的黏性流体的性质决定了抗剪应力不受正应力的影响。换句话说，在黏性浆体的作用下，即使粗骨料颗粒间的正应力增加，导致粗骨料堵塞的剪切阻力也不会增加。

## 第2节 自密实混凝土的工作性能

关于混凝土工作性能的定义，目前尚无定论。如美国混凝土学会将其解释为“衡量新拌混凝土或砂浆易于匀质地进行拌和、浇筑、捣实、抹面的性质”；日本土木学会规范为“根据稠度及抵抗分离程度所决定的混凝土拌和物的性质，表示混凝土拌和物运输、浇筑、捣实等作业的难易程度”。其他国家对混凝土拌和物的工作性能定义也相类似，均只是定性地，而不是定量地进行定义。Ritchie对混凝土拌和物工作性能提出的概念如图2.17（*a*）[27]所示，他认为混凝土的工作性能由混凝土自身的稳定性、密实性和流动性决定。但是实际上混凝土拌和物的工作性能不仅由自身的性质决定，还与施工条件相关，因此日本学者水口在Ritchie对混凝土拌和物的工作性能概念研究基础上，结合施工因素提出了如图2.17（*b*）[28]所示的混凝土工作性能的概念。

对于自密实混凝土，其工作性能的含义有所扩大。目前，一般认为自密实混凝土的工作性能大致包括以下三个方面：

（1）流动性。保证混凝土有足够的流动能力绕过障碍物，到达模型内任何地方。

（2）抗离析性。保证混凝土质量均匀一致，即不泌水，骨料不离析。

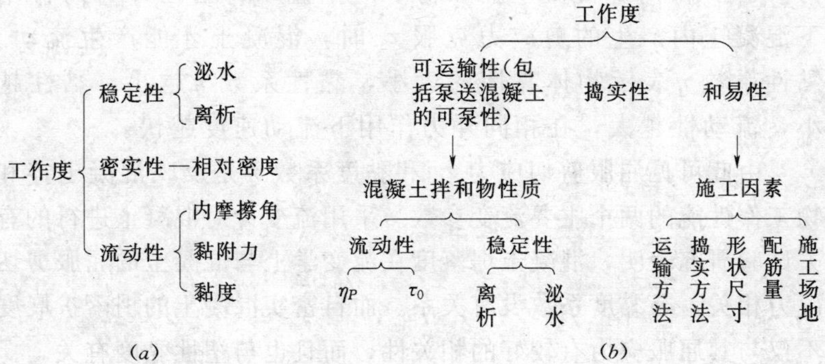


图 2.17　混凝土拌和物工作性能的概念

(*a*) Ritchie 提出的工作性能概念；(*b*) 水口提出的工作性能概念

(3) 间隙通过性。保证混凝土穿越钢筋间隙时不发生堵塞。

一般来说，混凝土流动性即其自身的变形能力，评价流动性和抗离析性的主要指标就是混凝土的填充能力。而间隙通过性本身其实也是一定约束条件下的填充能力，并且很大程度上取决于间隙的间距和混凝土的抗离析性。

## 2.1　工作性能的流变学基础[29, 30]

按流变学理论，新拌混凝土拌和物属宾汉姆（Bingham）流体。一般情况下认为，与普通混凝土相比，自密实混凝土更接近宾汉姆体，可用宾汉姆模型的流变参数来描述其工作性能。

宾汉姆模型由牛顿（Newton）液体模型和圣维南（St. Venant）固体模型并联，其流变方程可表示为

$$\tau = \tau_0 + \eta \frac{d\gamma}{dt} \tag{2.4}$$

式中：$\tau$ 为剪切应力；$\tau_0$ 为屈服剪切应力；$\eta$ 为黏性系数；$d\gamma/dt$ 为切应变速率。

$\tau_0$ 是混凝土拌和物组分颗粒间的附着力引起的阻止拌和物变形的最大应力，即在平行与流动方向的流层间产生阻碍流动的最大阻力。当作用外力使混凝土拌和物内产生的剪应

力 $\tau$ 小于 $\tau_0$ 时，混凝土拌和物不产生流动；当在外力的作用下混凝土内产生的剪应力克服 $\tau_0$ 时，混凝土才能产生流动。黏性系数 $\eta$ 表示物体黏性的大小，黏性系数 $\eta$ 越小，黏性越小，流动性越大，在相同外力作用下流动速度越快。

由此可见屈服剪切应力 $\tau_0$ 和黏度系数 $\eta$ 是反映混凝土拌和物工作性能的两个主要流变参数。采用流变计对混凝土进行的有关试验研究表明，混凝土坍落度在流变学上与混凝土的屈服剪切应力相关，与黏度系数没有关系。而自密实混凝土的坍落扩展度不仅与其屈服应力有较好的相关性，而且也与塑性黏度有关。

混凝土拌和物浇注入模之后经过硬化密实成型，才能赋予结构体一定的外形和内部结构。混凝土的成型和密实是同时进行的两个过程，前者使混凝土在模型内部流动并充满模型，从而获得所需要的外形，后者则是混凝土拌和物填充其内部间隙使结构密实。

常规混凝土的密实成型是采用机械振动的方法，其原理是：混凝土拌和物在施工振动下，内部颗粒不断受到冲击作用而引起颤动，这种颤动改变了混凝土拌和物的物理力学性能而使其充填密实。首先振动引起触变作用使水化初期所生成的凝胶恢复为溶胶状态；其次振源所做的功将互相接触的颗粒分开，从而削弱了大颗粒间的机械咬合力和微颗粒间的黏结力，使内部阻力大大降低，振动影响区域内的混凝土拌和物呈现液化，接近于重质液体的性质。暂时液化的混凝土拌和物在重力的作用下流动密实充满模板，孔隙率显著减小。

新拌常规混凝土在振动作用下密实成型的过程是一个由宾汉姆流体转化为近似于牛顿流体的触变过程。当混凝土拌和物颗粒振动速度达到某极限速度时，足以克服屈服剪应力，拌和物产生流动并达到所要求的密实程度。但是如果振动速度超过极限速度而继续增大，混凝土拌和物结构内部黏度降低至一定值时，骨料沉降作用显著，将导致混凝土结构分层，故应针对混凝土拌和物的工作性能控制其振动参数。

与常规混凝土采用机械振捣时因触变作用令 $\tau_0$ 大幅减小，使振动影响区内的混凝土呈液化而流动并密实成型的原理相似，自密实混凝土成型和密实的原理是：通过高效减水剂、粉体材料和粗细骨料的合理选择搭配和配合比设计，使 $\tau_0$ 减小到适宜范围，同时又具有足够的黏度系数 $\eta$，使骨料悬浮于砂浆中，能自由流动充分填充模板内的空间，并且不出现离析泌水现象，形成密实且均匀的结构。

首先，采用高效减水剂可对水泥颗粒产生强烈的分散作用，阻止分散粒子的凝聚。高效减水剂吸附在水泥颗粒界面并形成双电层，从而在水泥颗粒间产生静电斥应力使水泥粒子分散，拆散其絮凝结构。水泥颗粒间的絮凝结构被破坏时释放其中所约束的水，水泥颗粒间的相互滑动能力增大，使混凝土开始流动的屈服剪切应力 $\tau_0$ 降低，获得高流动性能。同时还能有效控制混凝土的用水量，保证具有一定的力学性能与耐久性能。

其次，自密实混凝土应具有较好的抗离析性。试验表明，离析的自密实混凝土在通过间隙时，粗骨料会产生聚集而堵塞间隙。混凝土离析的主要原因是 $\tau_0$ 和 $\eta$ 过小，混凝土抵抗粗骨料与水泥砂浆相对移动的能力弱。由此可知，控制屈服剪切应力 $\tau_0$ 和塑性黏度 $\eta$ 在合适范围内，既是混凝土开始流动的前提，又是在流动过程中不离析的条件。

## 2.2　工作性能的检测方法

针对自密实混凝土工作性能的特点，各国研究人员经过多年潜心研究提出许多自密实混凝土工作性能的检测方法，主要通过试验得到反映自密实混凝土的流动性、抗离析性、间隙通过性的指标来综合评价自密实混凝土的工作性能。目前用于自密实混凝土工作性能检测的方法主要有：坍落扩展度试验、T50、J 环试验，Orimet 法、L 形仪、U 形仪、V 形漏斗等，详见表 2.1。

表 2.1 混凝土拌和物工作性能的检测方法[30~32]

| 性能 | 试验方法 | 说　明 |
|---|---|---|
| 流动性 | 坍落度流动试验 | 测定自重下扩散直径，其值主要与拌和物的屈服值 $\tau_0$ 有关 |
| | 坍落度流动流速试验 | 测定自重扩散速度，其值主要与拌和物的黏性系数 $\eta$ 有关 |
| | Orimet 试验 | 测定 Orimet 试验仪内混凝土拌和物自重下流出速度，其值主要与拌和物的黏性系数 $\eta$ 相关 |
| | L 流动试验 | 测定 L 形模子内混凝土拌和物自重下扩散距离，其值主要与拌和物的屈服值 $\tau_0$ 有关 |
| | L 流动速度试验 | 测 L 形模子内混凝土拌和物自重下扩散速率，其值主要与拌和物的黏性系数 $\eta$ 有关 |
| | 罗托流下试验 | 测定罗托模子内混凝土拌和物自重下流出时间，其值主要与拌和物的黏性系数 $\eta$ 有关 |
| | 盒式模型试验 | 盒内设隔板，一侧注入混凝土拌和物，测定提升隔板时混凝土拌和物扩散的高度，其值主要与拌和物的屈服值 $\tau_0$ 有关 |
| | 扩散试验 | 跳桌提升到某一高度落下，测定冲击下混凝土拌和物变形程度，其值主要与拌和物的屈服值 $\tau_0$ 和黏性系数 $\eta$ 有关 |
| | 混凝土流动试验 | 以 12.5mm 的振幅上下跳动 15 次，测定变形程度，其值主要与拌和物的屈服值 $\tau_0$ 和黏性系数 $\eta$ 有关 |
| | 小球上浮试验 | 测定埋入混凝土拌和物中的小球在振动作用下浮到表面所需时间，其值主要与拌和物的屈服值 $\tau_0$ 和黏性系数 $\eta$ 有关 |
| | 铲子沉入法 | 测定 2.6kg 的平铲从 10cm 高度自由降落沉入混凝土拌和物中的深度，其值主要与拌和物的黏性系数 $\eta$ 有关 |
| | 两点试验法 | 测定设有两个叶片的转轴在混凝土拌和物中转动时转速和转矩，可计算出屈服值 $\tau_0$ 和黏性系数 $\eta$ |
| | 旋翼流变试验 | 测定螺旋式设置 8 个叶片的转轴在混凝土拌和物中转动时转速，可计算出屈服值 $\tau_0$ 和黏性系数 $\eta$ |
| | 倾斜管试验 | 改变三次倾斜角，测定管中混凝土拌和物的流量，可计算出屈服值 $\tau_0$ 和黏性系数 $\eta$ |

续表

| 性能 | 试验方法 | 说　明 |
|---|---|---|
| 流动性 | 回转黏度计 | 测定转筒在混凝土拌和物中转动时某一点的角速度和转矩，可计算出屈服值 $\tau_0$ 和黏性系数 $\eta$ |
| 流动性 | 波动法试验 | 根据弹性波在拌和物中的衰减率，推算出拌和物的动弹性模量与动黏性系数 |
| 抗分离性 | 金属筛网试验、配筋盒式试验 | 测定粗集料与砂浆的分离量，把分离极限定量化 |
| 抗分离性 | 振动沉降试验 | 测定混凝土拌和物在振动作用下粗集料的沉降量 |
| 抗分离性 | 竖井筛分试验 | 测定 1.2～20mm 套筛在跳桌的振动作用下累计筛余量 |
| 抗分离性 | 压力泌水试验 | 测定 $35kgf/cm^2$ 压力下混凝土拌和物的脱水量，以评价其可泵性 |
| 抗分离性 | 分层电导率测定试验 | 混凝土拌和物注入柱状分离模内，测定振动前后上、中、下三个部位的电导率，评价其抗分离性 |
| 间隙通过性 | 配筋罗托留下试验、配筋盒式试验、配筋 L 流动试验 | 测定混凝土拌和物在出口处配筋的模子内垂直向下或横流时流出量、流出时间 |
| 间隙通过性 | 振动配筋模子试验 | 测定混凝土拌和物在振动作用下流出配筋模子的时间 |
| 填充性 | 设置障碍模型试验 | 模拟实际施工设置障碍模型，测定在振动或自重作用下填充时间、填充程度 |

下面对目前在试验室和工程中使用较多的几种自密实混凝土性能检测方法进行简单介绍。

1. 坍落扩展度试验

坍落扩展度试验即传统常规混凝土的坍落度试验，所测的坍落度主要反映拌和物开始流动所需力（即屈服值 $\tau_0$）的大小，而不能反映黏性的差异。在此基础上测得的坍落扩展度 $D$ 同样主要由屈服值 $\tau_0$ 决定，$\tau_0$ 越大，$D$ 越小。试验表明，当混凝土拌和物的坍落度大于某一临界值时，它就不能正确地反映屈服值大小，而扩展度指标不存在这一临界值。自密实混凝土通常具有较大的坍落度（250～270mm），因此可以用坍落扩展度代替坍落度做混凝土拌和物的初步控制指标，自密实混凝土的坍落扩展度一般为600～750mm。

2. L形流动仪试验

试验装置如图2.18所示。试验时从垂直部分的上口分两层装满试料，每层插捣5下。拔起隔板，混凝土试料从下部侧面开口向水平部分流动。分别在距开口处5cm和10cm处设置红外线超声波传感器，测量试料流过此两点间的时间，计算试料的流动速度，反映混凝土的黏性系数$\eta$；流动停止后，测量垂直部分的下沉值和从开口处向水平部分的侧端的流动铺展值，分别为$L$—坍落度（$L_s$）和$L$—流动度（$L_f$），反映混凝土的屈服值$\tau_0$和黏度系数$\eta$。

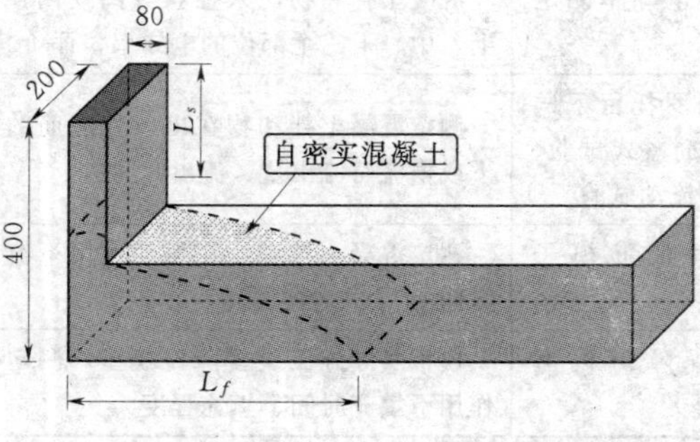


图2.18 L形流动试验装置（单位：mm）

3. V形漏斗试验

试验装置如图2.19所示。试验时关闭底部开口，将混凝土装入V形漏斗直至与漏斗上口齐平。静置1min后，打开下出料口同时开始计时。当从上口能看到下口的光线时停止计时，记录流完所需时间$t_0$，同时记录混凝土流出过程中是否呈连续的状态。混凝土全部流出所用时间$t_0$记为V形漏斗流动时间，反映混凝土的工作性能和黏性。

4. VSI方法

VSI方法是一种目测方法，根据坍落扩展度试验后自密实混

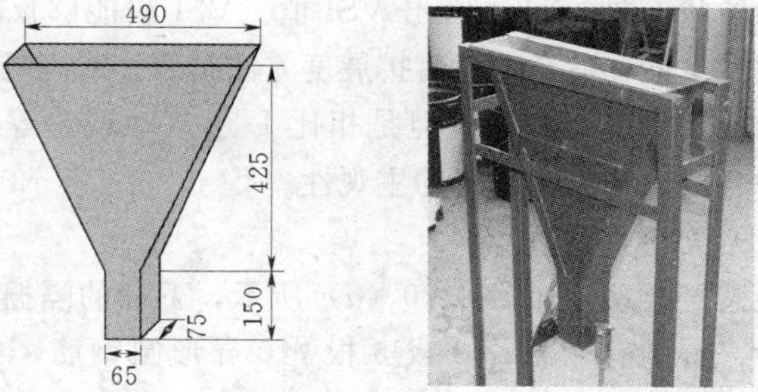


图 2.19　V 形漏斗内径尺寸及实物图片（单位：mm）

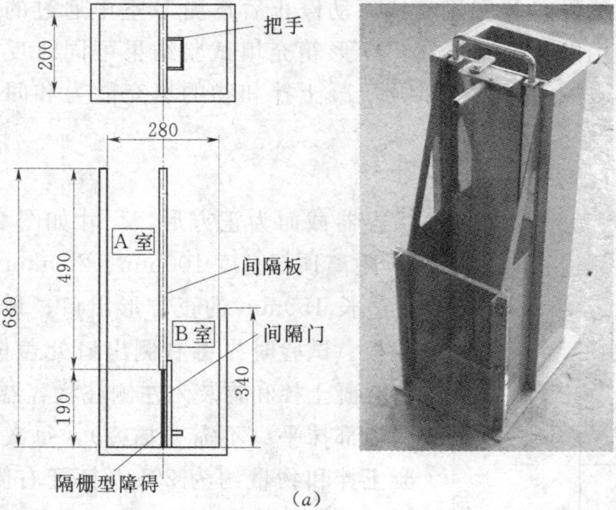


(*a*)

(*b*)

图 2.20　U 形充填试验装置（单位：mm）

(*a*) U 形箱及尺寸；(*b*) 隔栅型障碍及尺寸

凝土边缘的状态进行目测给出 VSI 值。VSI 法能够反映自密实混凝土的稳定性，适合与坍落扩展度方法结合，对现场的自密实混凝土工作性能进行判定。但是相比 L 形流动试验等方法不够敏感，并且测试结果有一定的主观性。

5. U 形充填性试验

试验装置及尺寸如图 2.20（*a*）所示，下部的隔栅型流动障碍有两种，分别有 3 根 $\phi$13 或 5 根 $\phi$10 异形圆钢筋，如图 2.20（*b*）所示。试验时从 A 室上口装满混凝土试料（不需要插捣），然后拔起 A、B 两室间的隔板，混凝土试料从 A 室下部侧面开口通过障碍向 B 室流动，流动停止后量测 B 室中通过的混凝土高度，用以评价充填性。U 形箱充填试验结果可同时反映混凝土的屈服应力、黏性以及混凝土拌和物的填充能力和间隙通过能力。

6. J 形流动仪试验

J 形流动仪两侧柱状容器截面为正方形，尺寸如图 2.21 所示，左侧边长为 120mm，距离顶部高度 100mm、200mm 处分别刻印为 $h_1$ 和 $h_2$；右侧为边长 150mm 的正方形出口，顶部设有盖板。试验时先将右侧出口处盖板封闭，将混凝土拌和物装入左侧柱状容器内，并将顶部抹平（不需要插捣），每次需要混凝土拌和物量约为 20L。打开右侧盖板，同时开始计时，混凝土在自重作用下开始流动，并从右边出口处溢出。测定左侧容器内混凝土上表面下降到 $h_1$ 和 $h_2$ 两个高度的时间 $t_1$ 和 $t_2$，单位为 s，并记录混凝土停止流动后的下沉量 S，即左侧容器顶部至停止流动后拌和物的上表面之间的距离，单位为 mm。$t_2$ 和 $t_1$ 之差 $A_t$，定义为 J 形仪流动时间，反映拌和物的流动速度，$A_t$ 越小，表明混凝土的流动性越大、

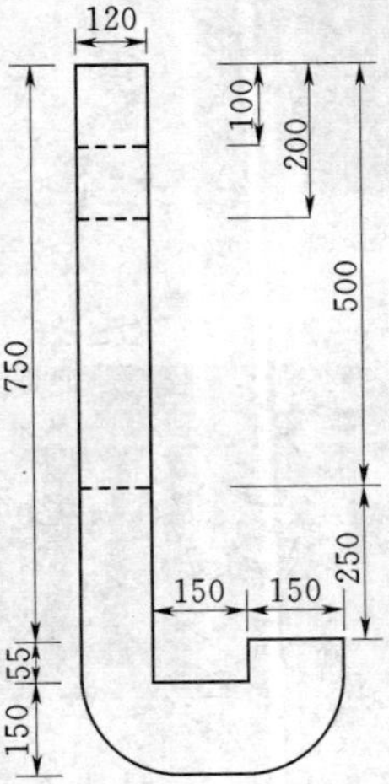


图 2.21 J 形流动仪
（单位：mm）

黏性越小。下沉量反映了混凝土的最终变形量。这样通过 J 形流动仪试验，就可以从变形量和变形速度两方面来评价大流动性混凝土的工作性能。通过 J 形流动仪试验的测量结果可知：使用高效减水剂的大流动性混凝土，当坍落度超过 180mm 以后，随着水粉比、砂率、粉煤灰掺量等配合比参数的变化，其坍落度值、下沉量的变化幅度较小，而 J 形流动时间变化明显，表明大流动性混凝土随配合比参数变化，最终变形量没有明显变化，而黏性变化很大。

## 2.3　检测方法评价

针对众多自密实混凝土工作性能的检测方法，无论在试验室研究或者在实际工程中应用，都不可能一一进行测试来评价其工作性能。在这些检测方法的基础上，许多学者做了对比试验，旨在对各检测方法作出比较分析，给出各检测方法的检测标准和适用条件，进而提出一种或几种检测方法来进行各种情况下自密实混凝土工作性能的检测。

目前国内外研究工作人员大多采用坍落扩展度试验、V 形漏斗试验（或 T50 试验）和 U 形箱试验进行自密实混凝土工作性能检测[30～34]，具体检验方法见本书附录。因为这几种方法相对简便易行，并且检测结果可以对新拌自密实混凝土的各种性能进行评价。流动性可以通过坍落扩展度试验得到验证；抗离析性可以选择 V 形漏斗试验、T50 试验中的一种来进行验证；间隙通过性可以通过 U 形箱试验检测。

当自密实混凝土坍落扩展度小于 600mm 时，在实际建筑物结构中浇筑时容易在钢筋密集部位发生堵塞和填充不满的现象；坍落扩展度大于 700mm 时容易在泵送和浇筑中发生离析泌水的现象。所以自密实混凝土的坍落扩展度宜控制在 600～700mm 之间。使用 V 形漏斗试验验证抗离析性时要考虑在钢筋密集的区域自密实混凝土需要在具有较高的流动性的基础上保持一定的黏性，这样通过钢筋时不易发生堵塞，因此 V 形漏斗通过时间的下限值随钢筋密集程度的增加有所增加。对于复杂结构等施工条件，可以通过制作等比尺模型进行浇筑试验的方式确定自密实混凝土的工作性能。使用U形箱进行填充性能检测时，要根据混凝土中粗骨料和工程需要的不同选择使用不同的隔栅型障碍。

《自密实混凝土应用技术规程》（CECS 203：2006）根据不同试验的检验指标将混凝土的自密实性能等级分为三级，其指标应符合表2.2的要求。

**表2.2　混凝土自密实性能等级指标[3]**

| 性能等级 | 一级 | 二级 | 三级 |
|---|---|---|---|
| U形箱试验填充高度（mm） | 320以上（隔栅型障碍1型） | 320以上（隔栅型障碍2型） | 320以上（无障碍） |
| 坍落扩展度（mm） | 700±50 | 650±50 | 600±50 |
| $T_{50}$（s） | 5～20 | 3～20 | 3～20 |
| V形漏斗通过时间（s） | 10～25 | 7～25 | 4～25 |

但是规范在自密实混凝土的等级划分上也存在一定的问题：

（1）各自密实等级混凝土的扩展度均有50mm的重叠区域，而这个区域仅仅通过其他检测指标中较小的差别分辨，其准确度值得怀疑。对于重叠区域的混凝土的自密实性能状态也有待进一步确定划分。

（2）二级混凝土扩展度指标范围600～700mm，而在这个区间内，混凝土的工作性能变化很大，包含了自密实混凝土的大部分状态，现行规范将其划分为一个混凝土等级，敏感度较低。

（3）在实际工程应用检测时，规范建议的检测过程还不够简便，有进一步简化的空间。

针对目前规范建议的自密实混凝土检测体系存在的问题，通过贴近工程实际的试验标准来衡量规范建议的检测方法的检测效果。然后从这些检测方法中选出一种或几种的组合，用于实际工程中自密实混凝土工作性能的检验，实现对自密实混凝土工作性能快捷、准确地检测，从而可以根据工程需求适时调整混凝土状态至满足工程需求，进而保证好的工程效果。

试验设计的整体思路如图 2.22 所示：通过大量模拟工程实际效果的试验来建立各种检测方法与实际工程效果之间的关系，并且在所建立的对应关系的基础上，提出应用于不同工程情况的不同检测方法和检测指标的组合，形成一个较为完备的检测方法提案[35]。

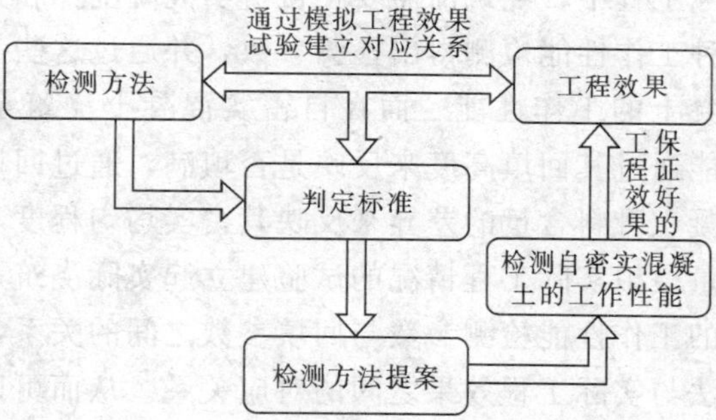


图 2.22　试验设计整体思路图

自密实混凝土在施工过程中不需要振捣密实，仅在自重作用下就可以充满模板每一个角落，并且达到充分均匀密实。在实际工程中，自密实混凝土的均匀密实主要依赖于其良好的工作性能，包括流动性、抗离析性和间隙通过性。而间隙通过性是抗离析能力和流动性二者综合作用的结果，好的间隙通过性既要求混凝土具有良好的流动性，又要求在流动过程中不发生离析泌水而堵塞。因此可以用抗离析性和流动性两个方面来综合反映自密实混凝土的工作性能。

在实际工程中，自密实混凝土需要达到两个目标：充满模板和均匀密实，对其自密实性能的评价可以从这两个目标出发。实际工程中，自密实混凝土的充满程度与其流动性能紧密相关，而所达到的均匀密实程度则与其抗离析性有良好的对应关系。

对于充满模板来说，一般可以通过充满程度来评价，比如充填高度、充填体积等。而对于均匀密实来说，则可以通过混凝土中的粗骨料含量来评价。一方面，达到密实状态需要结构中不同位置的混凝土都要有一定的骨料含量，否则会影响混凝土硬化后的性能，因而可以用骨料含量来反映自密实混凝土的密实程度。另一方面，达到均匀状态则需要结构中不同位置混凝土的各组分间的比例基本相同，可以通过混凝土的骨料含量的差别来反映，因而也可用骨料含量来反映混凝土的均匀程度。

在实际工程中，浇筑前需要在自密实混凝土拌和完成之后对其进行各种工作性能检测得出检测参数，并通过这些参数来评价自密实混凝土的工作性能。而在自密实混凝土浇筑至模板中之后，则只能通过其回填高度来反映是否填满，通过回填部分与浇筑部分混凝土骨料含量的差异来反映其密实均匀程度。因此，只要通过大量模拟实际工程情况的试验建立起实际浇筑过程中自密实混凝土的工作性能检测参数与回填参数之间的关系，就可以建立检测方法与实际工程效果之间的对应关系。从而可以通过工程效果来评价检测方法，并根据不同工作效果要求来选择合适的检测体系。试验指标与工程指标间的关系如图 2.23 所示。

在实际的浇筑过程中，自密实混凝土浇筑后在模板中的流动主要包括水平方向流动、竖直方向回填和通过狭窄间隙三种流动方式。所以在图 2.23 所示试验指标与工程指标对应关系的基础上，通过如图 2.24（*a*）所示的 U 形构件来模拟实际结构，通过 U 形构件的浇筑过程来模拟实际工程中的浇筑过程。U 形构件的基本尺寸以常用框架梁结构的尺寸缩小而得，如图 2.24（*b*）所示，竖筒截面 250mm × 150mm，高 400mm。水平槽长 600mm，截面为 250mm×100mm。

试验时自密实混凝土在 U 形构件内的运动过程中，包含了上述在结构体中的三种流动方式，因此一定程度上能够模拟实际工程中自密实混凝土的浇筑过程。

试验时所选用的自密实混凝土工作性能检测方法为规范中所规定的坍落扩展度检测、U 形箱检测和 V 形漏斗检测。自密实混凝土拌和完成并通过各种工作性能检测得出各种检测方法的检测参数之后，将其浇注在 U 形构件中，如图 2.25 所示。从左端

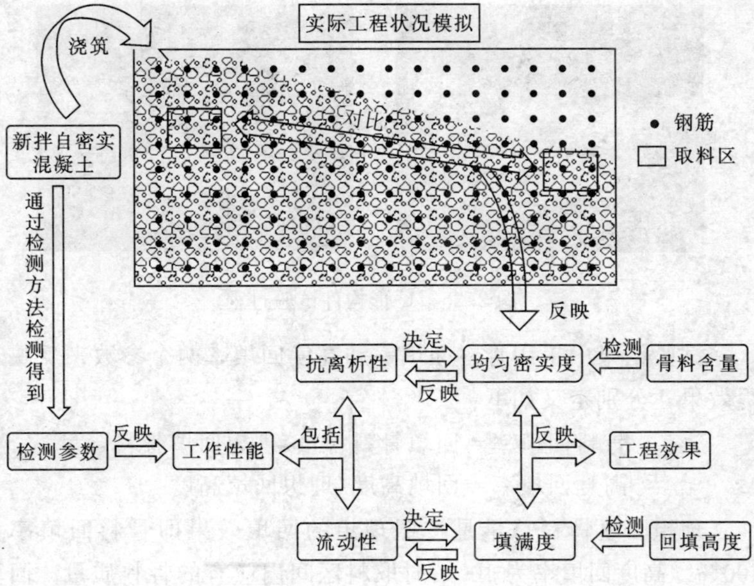


图 2.23　试验检测参数与工程效果参数间的关系

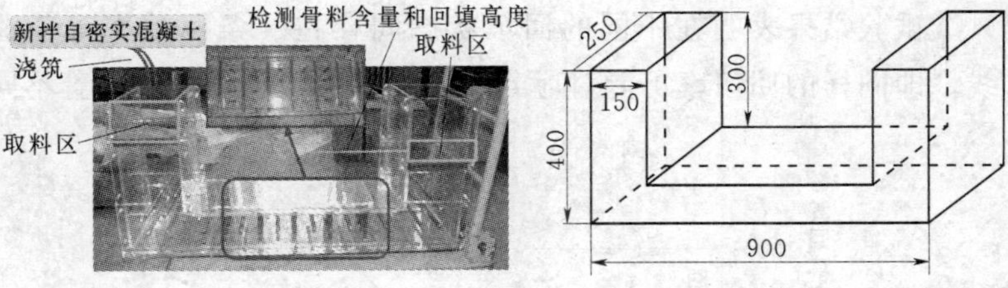


(*a*)　　　　(*b*)

图 2.24　U 形构件尺寸及其细部结构

(*a*) U 形构件及其细部结构；(*b*) U 形构件尺寸（mm）

开口处浇入自密实混凝土，在自重作用下自密实混凝土流过中间水平槽并回填至右端。待流动停止后测右端回填混凝土的高度，然后在预定的取料区内取料并进行筛洗得到该区间的骨料含量。通过骨料含量和回填高度这两个工程效果参数与检测参数之间的对应关系来实现检测方法和工程效果之间的对应。

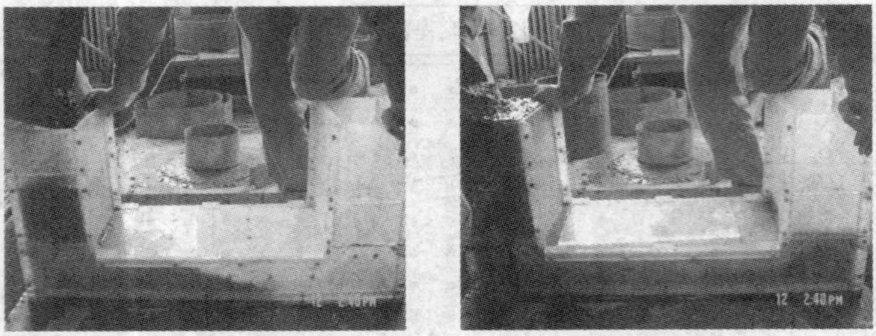

图 2.25 U形构件试验过程

试验结果中采用骨料回填率和高度回填率两个参数来反映工程效果，分别定义如下：

骨料回填率＝回填骨料含量/理想回填骨料含量

高度回填率＝回填高度/理想回填高度

理想回填骨料总量是按照理想的回填效果即骨料回填率为100％、高度回填率为100％时取料区间内应有的骨料质量；回填骨料总量是试验时自密实混凝土填充U形构件后回填至取料区间的骨料质量。骨料回填率和高度回填率之间关系如图2.26所示。

试验结果表明在不同的回填状态间存在一条回填率等值曲线，即同样的回填率可能对应着不同的回填状态，也对应着不同

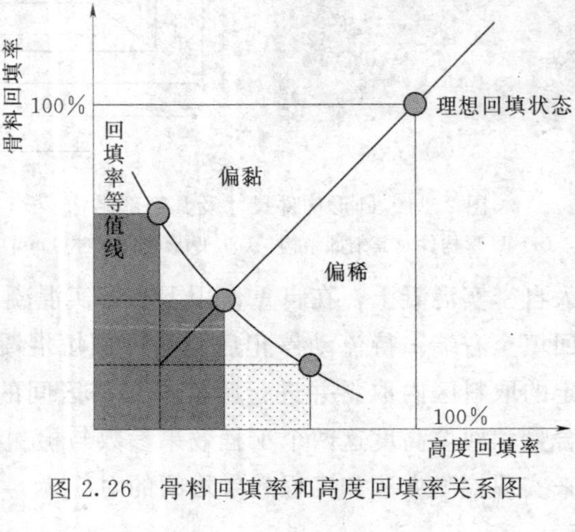


图 2.26 骨料回填率和高度回填率关系图

的工作性能状态。当回填状态处于上部区间时混凝土状态偏黏，试验数据表明此时骨料包含率一般较高，主要影响填充效果的是高度回填率；当处于下部区间时混凝土状态偏稀，试验数据表明此时主要影响填充效果的是骨料回填率。

浇筑的均匀密实程度与自密实混凝土的抗离析性有良好的对应关系，而填充程度则与自密实混凝土的流动性紧密相关。因此，试验结果中的骨料回填率与高度回填率分别与混凝土的抗离析性和流动性相互对应。自密实混凝土工作性能的优劣关键取决于抗离析性和流动性之间的平衡，工程效果的好坏也依赖于骨料回填率与高度回填率的平衡协调。对大量试验结果进行统计分析，可以得出以下结论：

(1) 自密实混凝土坍落度值的变化范围在 260～280mm 之间，而与之相对应的回填率变化可以涵盖 60%～90%的范围。坍落度值对于回填率变化很不敏感，因此对于自密实混凝土来说已不能作为检测指标来使用，无参考价值。

(2) 对于扩展度在 700mm 以上并且 V 形漏斗时间也在规定区间 10～25s 的自密实混凝土，存在离析的可能性，试验中的填充效果并不好。因此现有的规范的确存在检测不出离析混凝土的情况。

(3) 扩展度 600～700mm 这个区间涵盖了三种等级的自密实混凝土，现行规范对该范围内自密实混凝土等级的划分不够敏感，有进一步细分的空间。

在上述试验结论的基础上，对现有规范中混凝土自密实性能等级的划分方法提出修改意见，建议采用表 2.3 所示指标对自密实混凝土进行分级。

并且在实际工程应用中为了简化检测过程，对于一些情况可以省略 V 形漏斗检测。比如需要自密实性能为二级的工程中，若检测到自密实混凝土的扩展度在 650～700mm 范围内，则可认为该混凝土已经满足要求，因为该范围内的自密实混凝土至少满足二级标准，从而不需要再进行 V 形漏斗检测。

表 2.3　自密实混凝土等级划分

| V形漏斗值 | 扩展度 (mm) | | | |
| --- | --- | --- | --- | --- |
| | <600 | [600，650) | [650，700] | >700 |
| 7～10s | 待定 | 一级 | 二级 | 一级 |
| 10～15s | | 二级 | 一级 | 一级 |
| 15～20s | | 三级 | 一级 | 三级 |

## 第3节　配制自密实混凝土的原材料

### 3.1　粉体材料

在自密实混凝土中可以使用的粉体材料除了水泥之外，还包括粉煤灰、磨细高炉矿渣、磨细石灰石粉和硅粉等矿物掺和料。

#### 3.1.1　水泥

普通泵送混凝土所用水泥一般均可用于自密实混凝土。低热水泥和中热水泥水化放热量较小，适合于配制大体积混凝土。并且相比于其他品种水泥，低热水泥和中热水泥配制的混凝土流动性经时损失也较小，与外加剂的相容性也较好。所以，在条件允许的前提下，建议使用低热水泥和中热水泥来配制自密实混凝土，尤其在大坝等大体积自密实混凝土中更适宜使用这两种水泥。

此外，硅酸盐水泥、普通硅酸盐水泥、矿渣硅酸盐水泥、火山灰硅酸盐水泥、粉煤灰硅酸盐水泥或复合硅酸盐水泥也都可以选用，但标号应不低于目前我国标准 425 号，并且需要具有较低的需水性，还应考虑与所用高效减水剂的相容性。

一般情况下生产自密实混凝土不宜采用凝结速度较快的水泥，例如铝酸盐水泥、硫铝酸盐水泥等，因为这类水泥配制的混凝土流动性损失很快，一般无法实现自密实施工。复合水泥中的混合材料品种和数量较多，使得该种水泥与外加剂的相容性较为复杂，用该种水泥配制自密实混凝土时往往会出现较多的技术困难，所以复合硅酸盐水泥在自密实混凝土配制中的应用实例尚不多见。

### 3.1.2　矿物掺和料

自密实混凝土中浆体总量较大，如果仅用水泥作为粉体材料，则会引起混凝土早期水化放热较大、硬化混凝土收缩较大，不利于提高混凝土的耐久性和体积稳定性。在粉体材料中掺用优质活性矿物掺和料则可以调节混凝土的施工性能，提高混凝土的耐久性，降低混凝土的温升。而且自密实混凝土需要拌和物具有高流动性、高黏聚性、低泌水性，品种适宜的优质活性矿物掺和料可以和水泥颗粒形成良好的级配，降低胶凝材料的需水量，从而改善拌和物的工作性能。

在实际工程应用中，粉煤灰是自密实混凝土最常用的矿物掺和料。品质优良的粉煤灰可以改善混凝土的工作性能，降低混凝土拌和物流动性的经时损失率，并且可以提高混凝土的后期强度和耐久性。但是需要注意，由于Ⅲ级粉煤灰需水量比等品质较差，不利于改善混凝土拌和物的工作性，故一般不用于生产自密实混凝土。对于强度等级高于 C60 的高强自密实混凝土来说，需要粉煤灰具有更优异的品质和强度活性，因此强度等级高于 C60 的混凝土宜采用综合品质和强度活性优异的Ⅰ级粉煤灰。并且试验和工程实践证明，相比于磨细Ⅰ级粉煤灰，采用原状Ⅰ级粉煤灰更容易配制自密实混凝土。如果因条件所限，需要将Ⅱ级粉煤灰用于 C60 以上强度等级的自密实混凝土时，须经过试验确定。

粒化高炉矿渣粉具有较高的强度活性，需水量也较小，可改善混凝土的工作性，也有利于提高混凝土的后期强度及耐久性，所以适于配制自密实混凝土。

沸石粉可以提高自密实混凝土的黏聚性、保水性等性能，在需要增加自密实混凝土拌和物黏聚性或保水性时可以使用沸石粉。

硅粉可以改善混凝土拌和物的黏聚性及流变性，并可显著提高混凝土的强度和耐久性。硅粉在强度等级较高的混凝土中普遍采用，适宜用于配制强度等级较高的自密实混凝土。

惰性掺和料（例如石英砂粉、石灰石粉等）一般在对混凝土水化热有特殊要求时使用。惰性掺和料可以增加粉体含量，抑制水化放热量和放热速率，同时保证自密实混凝土所需的粉体总量。

为了保证混凝土的耐久性，可利用不同细掺料的复合效应。例如，矿渣比粉煤灰活性高，而抗离析性差；粉煤灰比矿渣抗碳化性能差，但收缩小。按适当比例同时掺用粉煤灰和矿渣，则可取长补短。

因此，日本的高流动性混凝土普遍采用水泥、矿渣、粉煤灰三组分胶凝材料，有时加上石粉，成为四组分。据日本资料，从活性来说，磨细矿渣最优的比面积为6000～8000$cm^2/g$，但从减小收缩来说，最好为4000$cm^2/g$左右。

根据使用粉体种类的不同，不仅新拌混凝土拌和物的工作性能不同，凝结时间、混凝土绝热温升、强度和干缩等硬化过程中和硬化后的性能也有所不同。这样，根据混凝土所要求的不同性能，例如大体积混凝土或高强混凝土所要求的温度控制、减少干缩等特殊要求，可以相应选择合适的粉体。根据现有的经验可以推荐以下的组合。

（1）一般混凝土：普通水泥＋粉煤灰、磨细高炉矿渣、磨细石灰石粉

（2）高强混凝土：高强水泥＋粉煤灰、磨细高炉矿渣、硅粉

（3）低热混凝土（大体积混凝土或夏季施工）：低、中热水泥＋粉煤灰、磨细高炉矿渣、磨细石灰石粉

（4）早强混凝土（冬季施工）：早强水泥＋粉煤灰、磨细高炉矿渣、磨细石灰石粉＋硅粉

由于自密实混凝土中往往都掺有粉煤灰等矿物掺和料，如果水泥当中再含有较多的掺和料，则可能引起硬化混凝土强度发展较慢等问题，所以如果自密实混凝土中使用矿物掺和料，

则宜优先选用硅酸盐水泥或普通硅酸盐水泥。使用掺和料的自密实混凝土中如果使用粉煤灰水泥、矿渣水泥、火山灰水泥等含有较多掺和料的水泥，则需要经过试验验证，确认在要求龄期时混凝土强度和耐久性等性能均满足设计和施工要求方可使用。

## 3.2 粗细骨料

自密实混凝土中粗细骨料的粒形、粒径和级配等性质对自密实混凝土拌和物的工作性能，尤其是对拌和物的间隙通过性影响很大。一般情况下，骨料级配的连续性对于混凝土最重要。在骨料的尺寸方面，用于常规混凝土的各种最大粒径的粗骨料都可以配制自密实混凝土，所以，可以根据工程实际情况选择粗骨料的最大粒径。由于自密实混凝土往往用于薄壁构件、密集配筋构件等场合，所以粗骨料粒径不宜过大，否则将影响拌和物的间隙通过性。即使不是在这些场合使用，粗骨料粒径过大也会增大拌和物中粗骨料之间的内摩擦，从而增大拌和物流动阻力。一般情况下，自密实混凝土中粗骨料粒径宜小于或等于25mm。但是，采用较大粒径的石子有利于改善硬化后自密实混凝土的弹性模量、收缩、徐变等性能，在满足适宜的自密实性能要求前提下，应选用尽可能大粒径的石子。对于不同粒型的骨料，破碎骨料由于棱角颗粒的咬合，可改善混凝土硬化后强度。卵形骨料由于有较小的内摩擦力，可改善新拌混凝土的流动性，可以根据工程的实际情况选用。

由于工作性能需要，自密实混凝土中的砂浆量较大，并且砂率也较大。如果使用细砂，则混凝土的强度和弹性模量等力学性能将会受到不利影响。同时，细砂的比表面积较大将增大混凝土拌和物的需水量，对拌和物的工作性能也会产生不利影响。而若使用粗砂则会降低混凝土拌和物的黏聚性。所以，生产自密实混凝土一般适宜使用中砂。在中砂范围内，为了进一步降低混凝土需水量，保证拌和物的流动性，采用第2级配区的中砂较为适宜。砂的粗细不能只以细度模数来衡量，还需要考虑砂的级配状况。有的砂细度模数虽然较大，但是粒径在4.75mm以上和0.3mm以下的部分都过多，级配较差，不适合于配制自密实混凝土。经过实践证明，当砂在0.6mm筛的累计筛余大于65%，0.3mm筛的累计筛余大于85%，0.15mm筛的累计筛余大于98%时，砂的级配较好，适合于配制自密实混凝土。

骨料的含泥量、石粉含量或泥块含量大，将会使自密实混凝土的需水量增大；石子中的针片状颗粒含量高，将使石子的空隙率增大，则为满足相同的工作性能所需的砂浆量增大。这些均会对自密实混凝土的自密实性能产生不良影响，同时也会对强度和耐久性造成负面影响。所以，配制自密实混凝土要求砂石骨料的品质较高，对砂石骨料的含泥量、泥块含量、石子中针片状颗粒含量、石子空隙率等指标要求均偏于严格。石子中针片状含量对自密实性能影响很大，对混凝土强度等性能影响也较大，石子空隙率降低有利于提高相同砂浆量下拌和物的工作性能。根据我国石子的现实状况，《自密实混凝土应用技术规程》（CECS 203：2006）规定石子中针片状含量上限值为8%，空隙率低于40%为宜；砂的含泥量小于3.0%、泥块含量小于1.0%为宜。自密实混凝土要求砂为2区级配、石子为良好的连续级配，目的也是为了获得较低的骨料空隙率。并且级配良好的骨料有利于提高混凝土拌和物的黏聚性，防止离析泌水现象的发生。

## 3.3　外加剂

### 3.3.1　高效减水剂

高效减水剂是配制自密实混凝土必不可少的原料。即使配制设计强度等级不高的自密实混凝土，也必须使用高效减水剂。日本学者对自密实混凝土高效减水剂性能的要求为：具有优质的流化性能；可以使混凝土拌和物具有合适的流动性、凝结时间、泌水率以及施工过程中良好的泵送性；对硬化混凝土的体积稳定性、力学性能和耐久性能（抗冻、抗渗、抗碳化、抗盐浸）无不利影响。

由于自密实混凝土要求具有较大的流动性、良好的黏聚性等，所以需要选择减水率较高、保水性较好的优质高效减水剂。日本多采用高性能引气型（AE）减水剂。近年来出现的聚羧酸系高性能减水剂具有掺量低、减水率高、混凝土强度增长快、混凝土拌和物坍落度损失小、拌和物黏滞阻力小等优点，十分适合于配制自密实混凝土，尤其是在配制高强自密实混凝土方面表现出更加明显的性能优势。一般情况下配制自密实混凝土优先选用聚羧酸系高性能减水剂。

### 3.3.2 其他外加剂

由于自密实混凝土拌和物流动性较大，对用水量相当敏感，往往有离析的倾向，为了使拌和物在高流动性条件下获得适宜的黏度、良好的黏聚性而不离析，自密实混凝土中也可采用抗离析剂或增黏剂。日本常用的抗离析剂有纤维素水溶性高分子、丙烯酸类水溶性高分子、葡萄糖或蔗糖等生物高聚物等。其中纤维素醚和甲基纤维素用得最多。但是添加抗离析剂对硬化后混凝土的强度有些影响。

由于速凝剂或促凝类外加剂会加快混凝土的凝结硬化，可使混凝土拌和物在很短时间内丧失流动性，致使自密实混凝土无法实现自密实施工，所以速凝剂或促凝类外加剂不适合用于自密实混凝土。

早强剂或早强型外加剂一般也会使混凝土拌和物坍落度损失加快，不利于自密实混凝土施工。所以自密实混凝土中选用早强剂或早强型外加剂应慎重，应通过试验确定所用的早强剂或早强型外加剂不会明显加快混凝土的凝结硬化而影响自密实施工方可使用。

## 3.4 水

自密实混凝土的拌和用水与常规混凝土一样，按行业标准《混凝土拌和用水标准》（JGJ 63—89）的规定执行即可。

## 第 4 节　配合比设计方法[3, 4, 6, 7, 24, 30, 36～39]

实现自密实混凝土的关键技术环节可以归结为两个方面：岗村甫教授于 1993 年提出的高性能混凝土设计方法和高效减水剂的出现。如图 2.27 所示，自密实混凝土与常规混凝土在组分比例上最大的差别在于：自密实混凝土在配合比设计上用粉体取代了相当数量的石子，使得新拌混凝土内部的石子能够得到浆体更多、更有效地包裹，再通过高效减水剂的分散和塑化作用，使浆体本身具有极佳的流动性的同时还能够有效地输运石子，从而达到自密实的效果。

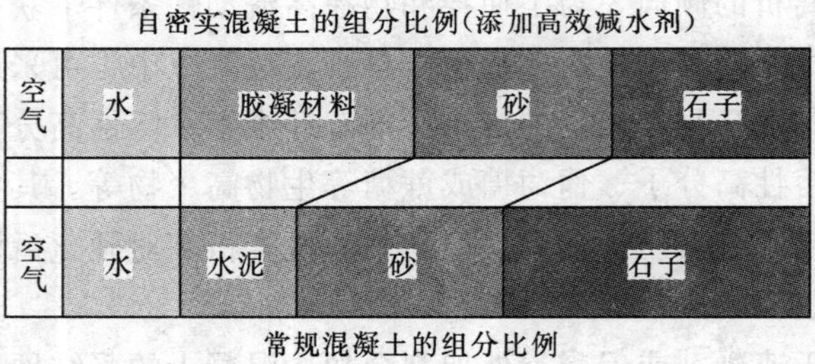


图 2.27　自密实混凝土与常规混凝土组分间的差别

自密实混凝土的配制会因为材料的差异而对配合比设计产生较大的影响。一般情况下，使用不同砂、石、胶凝材料和减水剂的自密实混凝土配合比会有一定的差异。所以很难给出一系列通用的设计配合比，也很难在自密实混凝土的配合比设计上给出一个既准确又经济的设计方法。要想配制出性能与经济性两者兼顾的自密实混凝土，在实践中的经验积累是至关重要的。

自密实混凝土的设计理念与常规混凝土有很大差别，如图 2.28 所示。在常规混凝土的设计中，对工作性能的设计非常简单，往往是根据粗骨料的粒径查表得到对应的用水量，再根据砂的细度模数查表确定砂率，然后通过水灰比公式和自身经验设计满足一定强度要求的混凝土，最后利用质量法或体积法计算得到所需强度等级和工作性能要求的混凝土。这样的配合比设计方法在强度上是相对严格的，而对工作性能的控制非常粗糙，检测手段也非常传统和单一，仅参考坍落度指标。而对自密实混凝土而言，首先要保证的是自密实性能，对强度只需要最终校核，在配合比设计上对于每方混凝土中砂、石、粉体和水的体积比例控制非常严格。试验研究表明，不同的配合比设计方法对高流动自密实混凝土性能有明显的影响。如按常规混凝土配合比的设计方法计算，则混凝土拌和物中砂、石重量及其所占体积均不相同，有些在施工过程中可能因堵塞而达不到要求的施工性能。出于准确和方便考虑，建议使用体积法，采用固定的石子体积和砂浆中体积砂率的计算方法进行自密实混凝土的配合比设计。

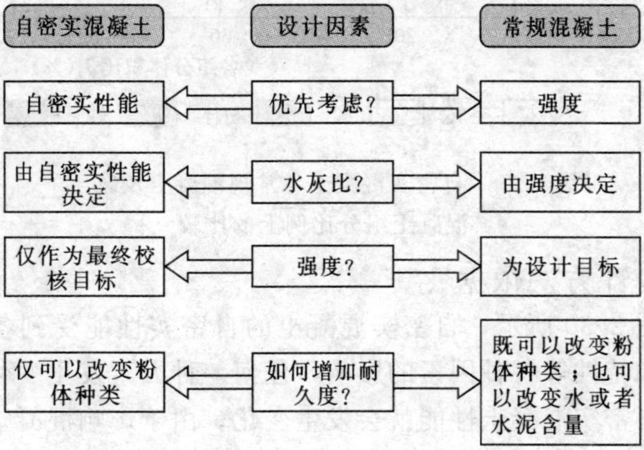


图 2.28　自密实混凝土与常规混凝土设计理念的不同

自密实混凝土配合比的确定是各种材料组分的比例和混凝土强度、耐久性、施工性、体积稳定性（硬化前的抗离析性，硬化后的弹性模量、收缩徐变）等诸性质间矛盾的统一。例如流动性和抗离析性要求粗骨料用量小，但粗骨料用量小时硬化混凝土的弹性模量低，收缩、徐变大；砂率大，有利于施工性和强度而不利于弹性模量；水粉比大，有利于流动性，而不利于强度和耐久性等。因此与常规混凝土配合比设计不同的是，根据上述矛盾的统一确定粗骨料的最合适用量、砂子在砂浆中的含量。自密实混凝土与常规混凝土及碾压混凝土组分比例上的比较如图 2.29 所示。

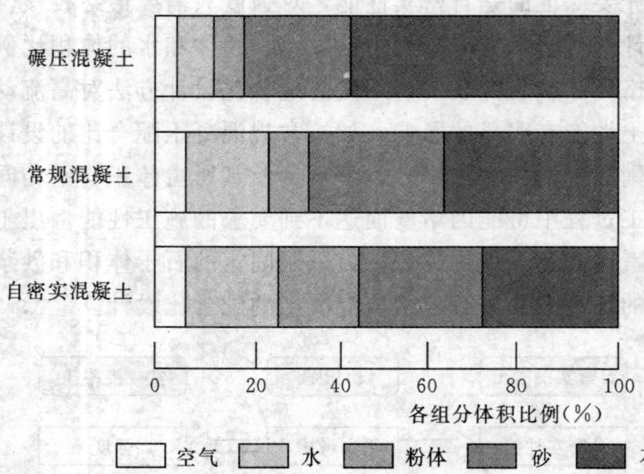


图 2.29 自密实混凝土与常规混凝土及碾压混凝土组分比例上的比较

## 4.1 设计方法依据

如图 2.30 所示，自密实混凝土的自密实性能受到各种原材料用量和特性等各种因素的影响，任何一种因素发生变化，所配制出的自密实混凝土性能就会发生变化。由于影响混凝土自密实

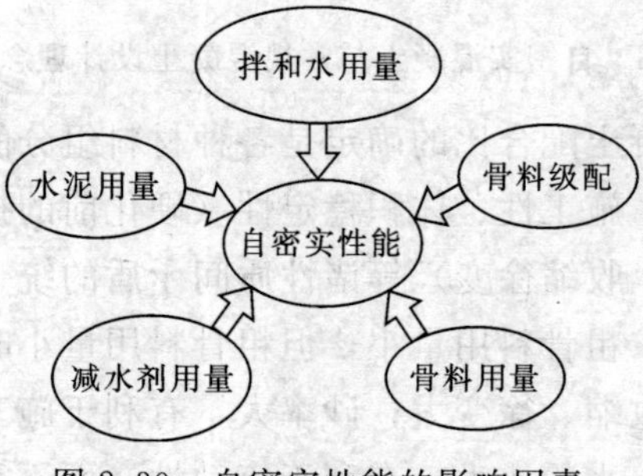


图 2.30 自密实性能的影响因素

性能的因素众多，并且这些因素间互相关联，不易于分别进行评价。为了便于研究，如图 2.31 所示，将自密实混凝土假定为由粗骨料和砂浆组成的两相材料：对粗骨料进行单独评价；通过研究砂浆的特性来对砂、粉体材料和高效减水剂进行评价。

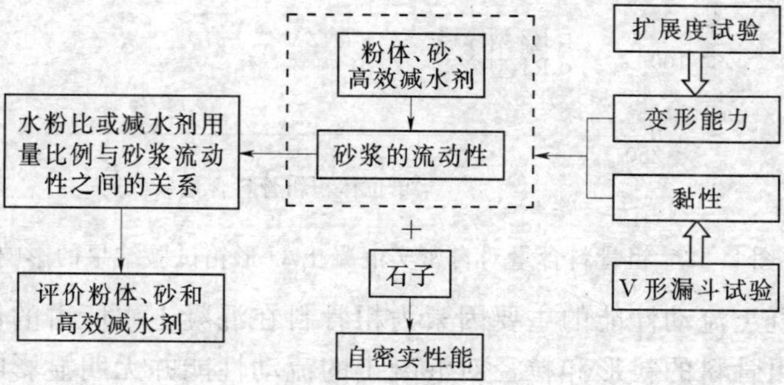


图 2.31　自密实性能研究方法

### 4.1.1　粗骨料的影响

一般情况下，由于考虑自密实混凝土成本以及硬化后的力学性能等众多因素，所选用的粗骨料最大粒径总是接近于建筑物中钢筋的间距。所以对于不同的建筑物来说，不能通过已经建成的建筑物中自密实混凝土的密实程度来预知一个将要修建的建筑物中的自密实混凝土的密实程度。

反映新拌混凝土自密实性能的指标之一，U 形箱试验中填充高度与自密实混凝土中粗骨料含量的关系如图 2.32 所示[6]。试验结果表明，新拌混凝土在 U 形箱试验中的填充高度主要取决于粗骨料的含量和障碍物的间距。不同粗骨料含量的自密实混凝土流经相同障碍物时，粗骨料含量越高时，间隙通过性越差；相同骨料含量自密实混凝土流经不同障碍物时，障碍物间的间距越小时，间隙通过性越差。所以对新拌混凝土的自密实性能的研究不仅需要在砂浆的液体性质方面探讨，同样需要在固体颗粒方面进行研究。

研究表明，在粗骨料最大粒径与障碍物间距相差较多时，影

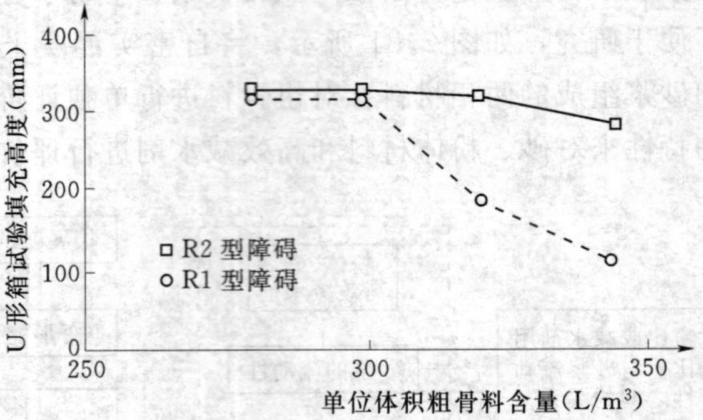


图 2.32　粗骨料含量对自密实混凝土 U 形箱试验结果的影响

响混凝土流动性能的主要因素为粗骨料在混凝土中所占的体积比例，粗骨料的粒形和粒径对混凝土的流动性能并无明显影响。但是如果障碍物间的距离和粗骨料的最大粒径接近的话，则需要考虑粗骨料的粒形、粒径和级配等。例如，在砂浆相同的情况下，自密实混凝土在 V 形漏斗试验中出口尺寸和流速之间的关系也取决于粗骨料的级配。并且通过试验研究得到，当 V 形漏斗的底部出口宽度为 65mm 时，混凝土的流速主要受粗骨料级配的影响。

### 4.1.2　流动性和抗离析性的平衡

通常情况下，均采用调整混凝土单方用水量和外加剂用量的方法来调整混凝土拌和物的流动性至合适范围。用水量和外加剂增大时流动性随之增大，但抗离析性随之减小。自密实混凝土拌和物的特点是具有高流动性而不发生离析泌水，达到流动性和抗离析性的平衡协调。达到用水量、外加剂用量和流动性、抗离析性的平衡，使矛盾得到统一，是自密实混凝土配合比设计的关键。

自密实混凝土中砂浆需要有足够的流动性，以便可以使自密实混凝土只靠自身的重力就可以达到自密实效果，而不用振捣密实。同流动性一样，砂浆同样需要适当的黏性，这样当混凝土绕过障碍物时，可以减小粗骨料颗粒间的相互碰撞和摩擦，限制粗骨料和砂浆间的分离。而在保持一个较低的水粉比的条件下，只有通过使用高效减水剂才能达到上述高流动性和高黏聚性的统一。如图 2.33 所示，一般采用砂浆扩展度试验和砂浆 V 形漏斗试验检测砂浆的流动性和黏性。

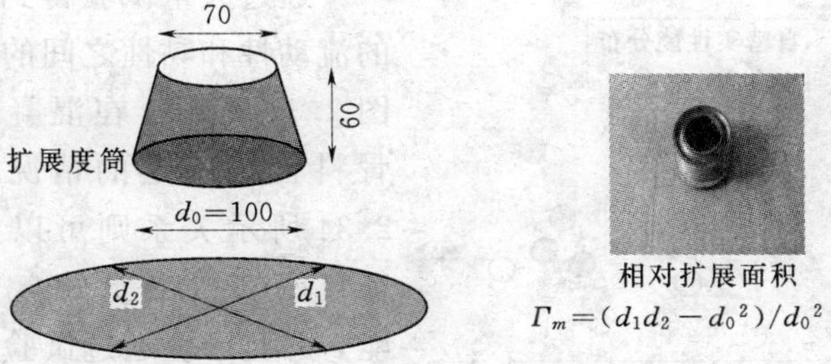


(*a*)

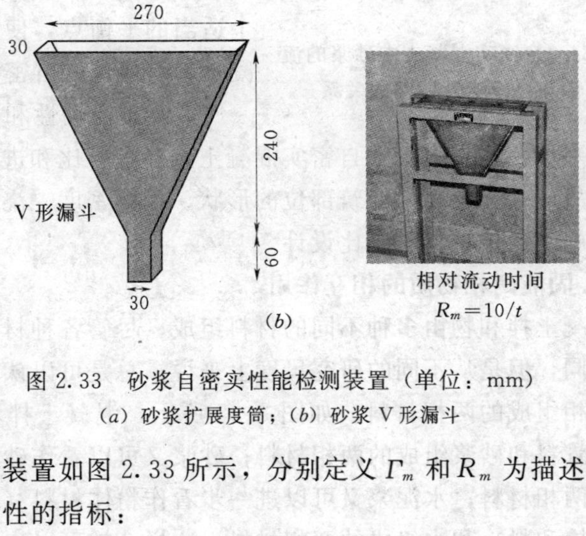


(*b*)

图 2.33　砂浆自密实性能检测装置（单位：mm）

(*a*) 砂浆扩展度筒；(*b*) 砂浆 V 形漏斗

试验装置如图 2.33 所示，分别定义 $\Gamma_m$ 和 $R_m$ 为描述砂浆流动性和黏性的指标：

$$\Gamma_m=\frac{(d_1d_2-d_0^2)}{d_0^2} \tag{2.5}$$

式中：$d_1$、$d_2$ 为浆体扩展的直径，mm；$d_0$ 为坍落度筒的直径，mm。

$$R_m=\frac{10}{t} \tag{2.6}$$

式中：$t$ 为浆体流过漏斗所需要的时间，s。

$\Gamma_m$ 越大说明砂浆的流动性越好，$R_m$ 越大说明砂浆的黏性越小。通常可采用这两个指标对自密实混凝土中粉体材料、砂和高效减水剂的性能进行评价。

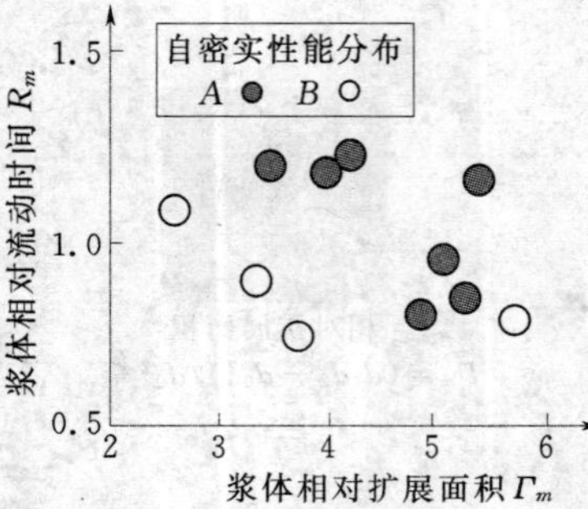


图 2.34 自密实混凝土中砂浆的流动性和自密实性能间的关系

通过大量试验得到，砂浆的流动性和黏性之间的关系如图 2.34 所示。在混凝土中粗骨料含量一定的情况下，图 2.34 所示关系则可以用来表征自密实混凝土的自密实性能。并且已经通过试验证明在砂浆的流动性和黏性中存在一个适当的平衡点，使得新拌混凝土具有最佳的自密实性能。

混凝土流动性和抗离析性之间的平衡关系是高流动自密实混凝土选择配合比和进行施工的关键，故应根据混凝土浇筑部位的形状、配筋密度、浇筑方法等不同的施工条件进行配合比设计。

### 4.1.3 固液两相物质的相互作用

混凝土拌和物由多种不同的材料组成，尽管各种材料的特性均不相同，但是从不同的研究尺度上来说，总是可以认为是由固相和液相组成的两相材料。如图 2.35 所示，混凝土拌和物可以看作粗骨料和砂浆组成的两相材料；砂浆又可以看作砂和水泥浆组成的两相材料；水泥浆又可以进一步看作粉体材料（水泥和各种矿物掺和料）和水组成的两相材料。这样，就可以将混凝土中多种材料间的相互影响简化为不同研究尺度上的固液两相间的相互作用，大大降低了研究的难度。

1. 粗骨料与砂浆

配制高流动自密实混凝土的关键是在保证所需强度和耐久性的前提下，得到可无需振捣或者必要时可少振捣的高流动性混凝凝

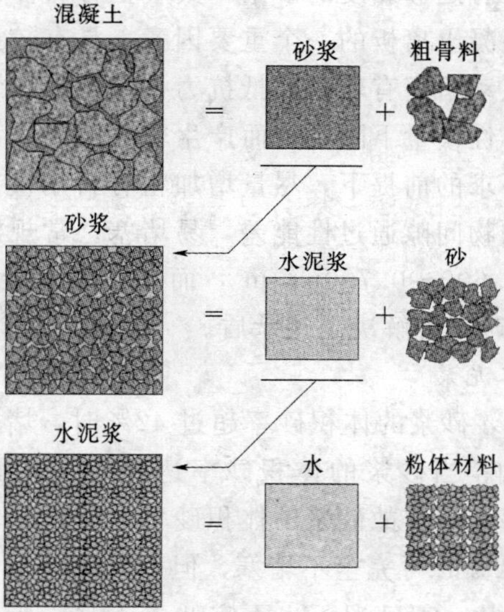


图 2.35　混凝土中的固相和液相

土拌和物。当混凝土拌和物流动时，在钢筋间隙以及其他狭窄的部位，粗骨料颗粒频繁接触而堆积成拱形，堵塞混凝土的流动。而此时如果混凝土中砂浆黏度较低，则与粗骨料离析并通过粗骨料颗粒间的空隙。由于砂浆黏度很低，在粗骨料颗粒间流动时其中的砂子颗粒很容易被堵塞在粗骨料颗粒之间，最终只有水泥浆或者水才能通过砂颗粒间狭窄的空隙。

假设混凝土是由骨料和砂浆固液两相组成的物质，其中液体的变形能力比固体大，而固体又具有较大的抗剪能力和相应的剪胀性。如果固体和液体间没有相互作用，即与单相的一样，当两相间有相对速度时则会产生作用在两相间的抗剪力。如果液相有足够的携带固体的能力，则固体颗粒的运动特性将与液相黏度有关。前文中已经介绍过提高砂浆的黏度可以约束由粗骨料颗粒间碰撞引起的颗粒变位，减少颗粒间的接触应力，从而可有效抑制堵塞现象的发生（本章 2.2 节）。因此流变性良好的混凝土拌和物配合比应当有两个要素：较小的骨料体积含量和具有足够黏度的砂浆，其中粗骨料体积含量是控制新拌流动性混凝土离析的一个重要因素。具有较少粗骨料含量的拌和物对流动堵塞有较高的抵抗力，但粗骨料含量过小的混凝土，会使弹性模量下降，进而产生较大的收缩。因此应当在满足流变性要求的前提下，尽量增加粗骨料用量。但粗骨料用量大时，拌和物间隙通过性能差，易堵塞。常规混凝土的骨料用量一般为 0.600～0.700$m^3/m^3$，而自密实混凝土为 0.500～0.550$m^3/m^3$ 时则可解决上述矛盾。

2. 砂与水泥浆

试验表明，砂浆的体积砂率超过 42%时，堵塞随体积砂率的增加而增加；当砂浆的体积砂率达到 44%时，堵塞几率为 100%（见图 2.11），故砂浆的体积砂率不能超过 44%。虽然体积砂率小于 42%时可完全不堵塞，但砂浆的收缩随体积砂率的减小而增大，故一般情况下也不宜低于 42%。近年来在各地实际工程应用中，由于各地材料的特性不同，在砂子粒形和级配较好的条件下，自密实混凝土的体积砂率在 48%以上，也能配制出性能良好的自密实混凝土。此外，砂浆的黏度不仅与砂浆中砂子含量有关，与水泥浆也有关。

3. 粉体材料与水

砂浆中除了砂颗粒以外的粉体材料浆体包括粉体材料和水两相，其关系即水粉比。水粉比大时浆体浓度小，混凝土有较好的流动性，但黏聚性较差并且硬化后混凝土的强度随水粉比的增大而下降。为保证混凝土的耐久性，高性能混凝土水粉比应低于 0.4。同时，为了保证混凝土具有足够的自密实性能，又需要有大量的浆体，可以通过使用矿物掺和料来调节新拌混凝土的黏度和硬化后的强度。

### 4.1.4 高效减水剂的影响

随着自密实混凝土用水量或高效减水剂用量的增大，均会产生相同的现象：流动性增加而抗离析性能降低。但是水和高效减水剂所产生的分散作用的本质并不相同，分别扮演着不同的角色，如图 2.36 所示。水作为粉体颗粒外的液相介质，增加其用量可以使粉体颗粒间的距离增加，从而降低颗粒的碰撞频率。高效减水剂主要起到界面活性剂的作用，其分子会吸附在水泥粒子表面形成双电位层。由于双电位层产生的斥力使得水泥颗粒间相互排斥，可以有效防止凝聚结构的形成。高效减水剂分子同时吸附一定的极性化水分子形成溶剂化膜层，增加了水泥颗粒的滑动能力，因而易于分散。除此之外，高效减水剂还能降低表面张力，使水泥颗粒容易被水润湿。在混凝土具有相同坍落度情况下，可以减少所需拌和用水量。[6, 7, 36, 40, 41]

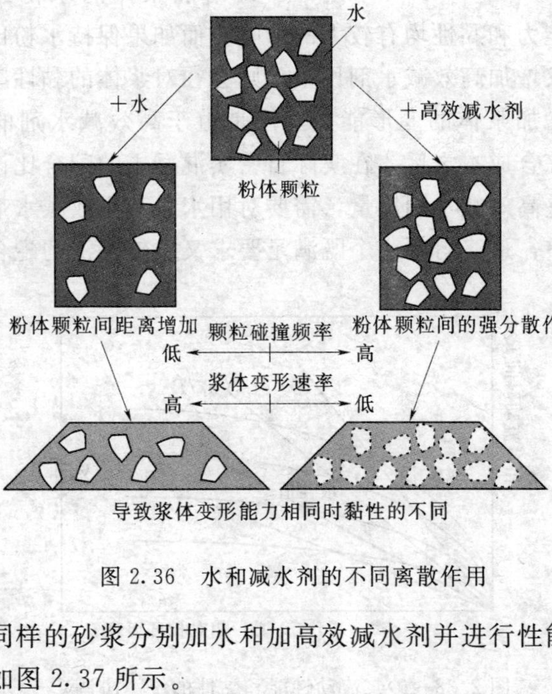


图 2.36　水和减水剂的不同离散作用

向同样的砂浆分别加水和加高效减水剂并进行性能检测，检测结果如图 2.37 所示。

向砂浆中加入一定量水之后，扩展度试验中扩展面积的增加表明砂浆的变形能力有较大的增长，但同时 V 形漏斗试验中流动速率的增加也说明砂浆的黏度也有大幅地降低，使用这种砂浆生产出的自密实混凝土在流动过程中发生离析的几率会大大

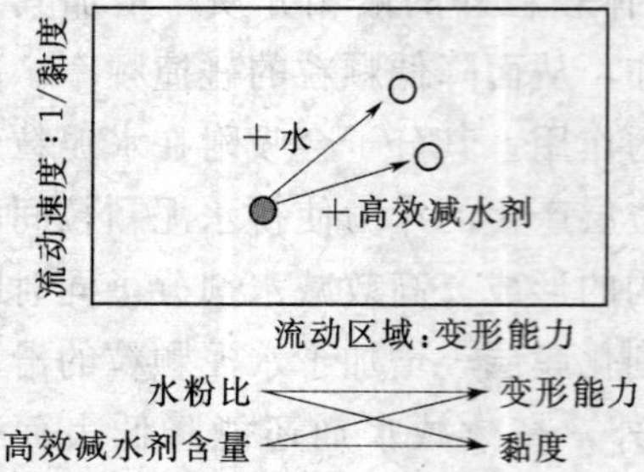


图 2.37 水和减水剂的变化对自密实能力的影响

增加。

向砂浆中加入一定量高效减水剂后，在砂浆流动能力增加的同时还能保持一定的黏度。这样可以避免离析现象的发生，达到变性能力和黏性的统一协调。如图 2.38 所示，在保持其余材料不变的情况下增加用水量，即增加浆体的水粉比，对浆体的变形能力和黏性均有较大的影响；而如果保持水粉比不变的情况下，仅增加高效减水剂用量，则会在对浆体的黏性影响很小的情况下增加浆体的变形能力。但是由于高效减水剂的价格较高，考虑综合成本之后，在实际自密实混凝土的配合比设计中并不能只调整高效减水剂用量，需要对用水量和高效减水剂用量进行综合调整，最终得到一个既满足要求又比较经济的配合比。

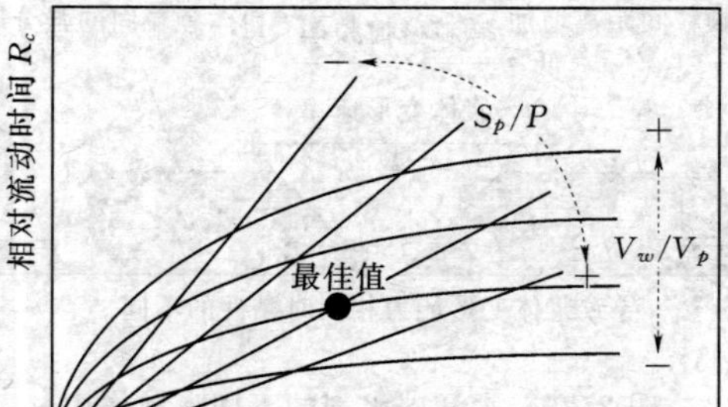


图 2.38 砂浆流动性能和黏性的统一协调

## 4.2 设计流程

除有特殊要求外，自密实混凝土的设计一般可按照如图 2.39 所示流程。

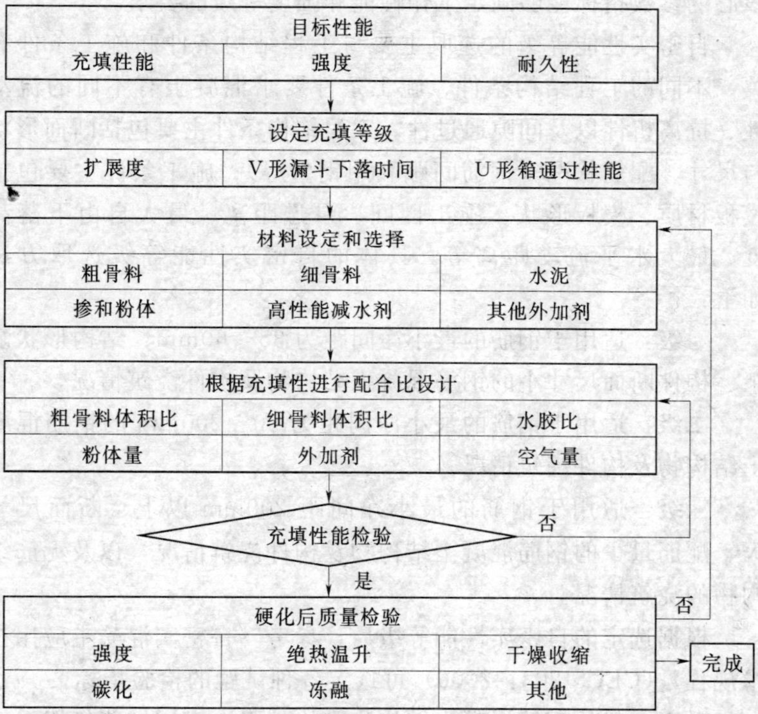


图 2.39　自密实混凝土设计流程

### 4.2.1　目标性能及材料选择

自密实混凝土的自密实性能是新拌自密实混凝土最重要的综合性能，属于拌和物的施工性能，与混凝土的强度和所选材料的活性并没有直接的关系。从理论上讲，即使采用没有活性的粉体也有可能实现拌和物的自密实性能。因此应将自密实混凝土的配合比设计分为自密实性能设计和强度设计两大部分。

相对于传统的重强度设计轻工作性能设计的配合比设计方法而言，自密实混凝土的配合比设计方法需要并重工作性能和强度等级，使混凝土的配合比设计更加完善，使其在满足自密实性能的同时达到所要求的设计强度等级。自密实混凝土的配合比设计并不拘泥于工作性能设计和强度设计的先后顺序，而应该注重其核心的参数指标能够满足工作性能和强度等级的要求。

自密实性能等级的选取主要与工程结构条件和施工条件有关。不同的工程结构条件、施工条件要求混凝土有不同的流动性、抗离析性以及间隙通过性。工程结构条件主要包括断面形状与尺寸、配筋状况（钢筋间距和用钢量等）；施工条件主要包括模板材质、模板形状、施工区间、泵送距离、最大自由下落高度、最大水平流动距离等。具体的自密实性能等级选取方法如下：

一级：适用于钢筋的最小净间距为35～60mm、结构形状复杂、构件断面尺寸小的钢筋混凝土结构物及构件浇筑情况。

二级：适用于钢筋的最小净间距为60～200mm的钢筋混凝土结构物及构件浇筑情况。

三级：适用于钢筋的最小净间距200mm以上、断面尺寸大、配筋量少的钢筋混凝土结构物及构件浇筑情况，以及无筋结构物的浇筑情况。

根据选定的自密实性能等级后，参考《自密实混凝土应用技术规程》（CECS 203：2006）可选定各种试验的检验指标。

对于一般的钢筋混凝土结构物及构件以自密实性能等级二级为标准。自密实混凝土硬化后的其他性能和常规混凝土的要求一样，可以根据工程需要参照常规混凝土设计规范。自密实混凝土的强度随着粉体材料的种类和用量的变化而变化，一般情况下自密实混凝土的水粉比较低，控制较为严格，比较容易满足设计强度等级要求。自密实混凝土的最高强度可以超过100MPa，经常用于高强和高耐久的混凝土结构。

自密实混凝土对各种原材料的要求比较严格，在前面已有详细介绍。符合前文规定要求的原材料均可用于配制自密实混凝土，但是应根据实际工程设计需要，就地取材以节省成本。粉体的选择直接影响到自密实性能，而且会影响凝结时间、水化热造成的温升特性、后期强度以及收缩等性能。因此应根据工程结构条件、施工条件及环境条件所需的新拌混凝土性能和硬化混凝土性能选定合适的粉体材料。

自密实混凝土中使用的外加剂主要是高效减水剂，有时也使用增加材料抗离析性的增黏剂。由于减水剂的品种不同，其减水成分和流动性保持成分各异，因此减水率和保塑性不同。此外，不同种类的外加剂混合使用时存在相容性问题，可能会产生沉淀或凝聚而达不到所要获得的效果。所以，外加剂的种类和适宜的掺量应通过试验确认。

### 4.2.2　配合比设计

混凝土配合比设计一般采用绝对体积法和假定表观密度法，后者需要在原材料情况比较稳定的情况下，根据经验假定所配制的混凝土拌和物的表观密度后进行配合比设计，原材料波动变更时误差较大，而且未能考虑含气量因素。所以，自密实混凝土的配合比宜采用绝对体积法设计。

东京大学岗村甫教授试验室经过多年研究提出了一整套的自密实混凝土配合比设计方法，依照这个方法经过一定的调整就能够制备出性能优良的自密实混凝土，并且该方法易于掌握，设计出来的自密实混凝土性能比较稳定。岗村甫教授所提出的自密实混凝土设计方法可简要概括为以下几点：

（1）粗骨料的松堆体积占每立方米混凝土体积的 50%。

（2）细骨料的体积占砂浆体积的 40%～42%。

（3）水粉比建议为 0.9～1.0，具体取决于粉体材料的组成与性质。

（4）高效减水剂的掺量则通过试配调整确定。

根据我国原材料不同，自密实混凝土配合比初步设计流程如图 2.40 所示。

计算过程如下：

（1）设定粗骨料含量。

设定每立方米混凝土中石子用量的松堆体积，一般取为 0.5$m^3$，根据石子的松堆率计算每立方米混凝土中石子的用量，由每立方米混凝土密实体积减去石子密实体积，得到砂浆体积。

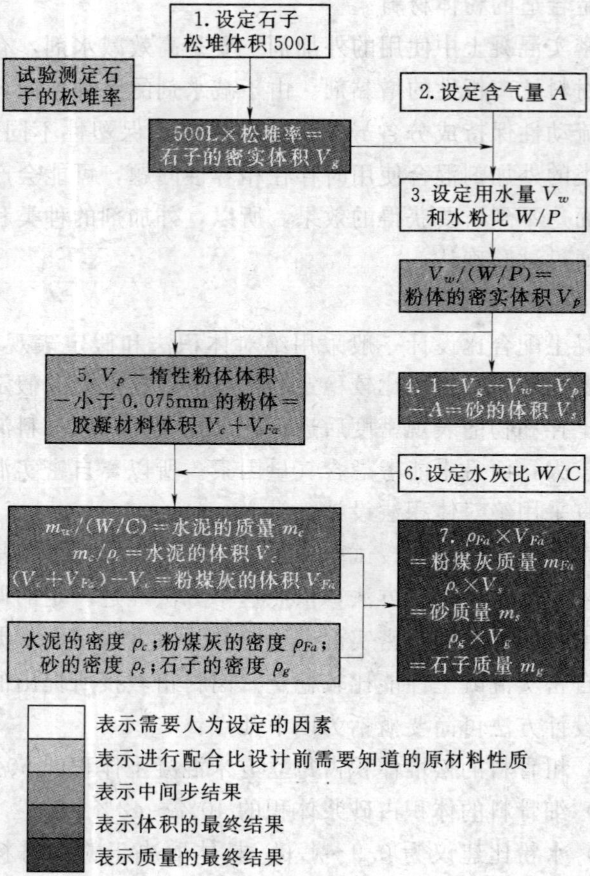


图 2.40　自密实混凝土设计流程示例

《自密实混凝土应用技术规程》（CECS 203：2006）中建议根据混凝土自密实性能等级选定单位体积粗骨料绝对体积，如表 2.4 所示。

**表 2.4　　　　单位体积粗骨料量**

| 混凝土自密实性能等级 | 一级 | 二级 | 三级 |
|---|---|---|---|
| 单位体积粗骨料绝对体积（$m^3$） | 0.28～0.30 | 0.30～0.33 | 0.32～0.35 |

(2) 设定含气量。

自密实混凝土的含气量应根据粗骨料最大粒径、强度、混凝土结构的环境条件等因素确定，一般为 1.5%～4.0%。有抗冻要求时应根据抗冻性确定新拌混凝土的含气量。

(3) 设定单位体积用水量、水粉比。

单位体积用水量、水粉比和单位体积粉体量的选择，应根据粉体的种类和性质以及骨料的品质进行选定，以保证自密实混凝土所需的性能。

单位体积用水量一般宜在 155～180kg 范围内。

水粉比根据粉体材料的种类和掺量有所不同，一般宜取 0.80～1.15。

根据单位体积用水量和水粉比计算得到单位体积粉体材料用量，一般应在 0.16～0.23$m^3$ 范围内。

自密实混凝土单位体积浆体总量宜为 0.32～0.40$m^3$。

(4) 计算细骨料含量。

单位体积细骨料量由单位体积粉体量、骨料中粉体含量、单位体积粗骨料量、单位体积用水量和含气量确定。

由计算得到的单位体积细骨料含量计算出砂浆的体积砂率，一般宜在 0.40～0.42 范围内。

(5) 计算胶凝材料用量。

单位体积胶凝材料体积用量可由单位体积粉体量减去惰性粉体掺和料体积以及骨料中小于 0.075mm 的粉体颗粒体积确定。

(6) 设定水灰比和水泥用量。

根据工程设计的强度计算出水灰比，可以得到相应的单位体积水泥用量。

根据单位体积胶凝材料总量和水泥用量可以计算出单位体积矿物掺和料用量。

(7) 计算各种材料质量。

由已经确定的各种原材料的单位体积配合比计算出单位体积质量配合比。

（8）设定减水剂用量。

高效减水剂等外加剂掺量应根据所需的自密实混凝土性能经过试配确定。根据用水量、粉体种类和掺量，以及减水剂种类不同，试配时减水剂用量宜取为粉体质量的0.5%～1.5%。

### 4.2.3 注意事项

实现自密实性能的重要因素中包括浆体的流动性能和抗离析性能，这与所选用的粉体颗粒的大小、级配构成以及水粉比有着密切的关系。水粉比是指单位体积拌和水量与单位体积粉体量的体积比值，是用来确定浆体流动性能的指标之一。在相同的水粉比的情况下，选用不同的粉体种类和粉体构成会存在流动性能和抗离析性能的差别。但是根据大量的试验经验，对于常用的水泥、粉煤灰、矿粉、硅粉以及骨料中的粉体等粉体材料，前面所推荐的水粉比和用水量能够配制出满足自密实性能要求的自密实混凝土，因此，单位体积用水量与水粉比是影响自密实混凝土的抗离析性能和流动性能的主要因素。若在设计过程中采用水胶比或水灰比，则因各粉体材料的密度有较大差别，即使是同一水胶比也会因材料构成的不同使得水粉比有着巨大的差异。况且水胶比或水灰比只是反映胶凝材料与水的质量关系，既不能涵盖惰性粉体对自密实性能的影响，也不能直接反映影响自密实性能的体积特性，所以不应使用水胶比或水灰比来设计自密实混凝土的工作性能。

单位体积用水量或水粉比过大将会导致自密实混凝土的流动性过大、抗离析性能不佳；单位体积用水量或水粉比过小将会导致自密实混凝土的流动性不足、过于黏稠。这两种情况都将导致自密实混凝土的自密实性能不能够满足要求。参考国外已有的研究成果和相关规范，结合我国进行的大量的试验室试验和工程应用，给出了配制自密实混凝土常用的用水量和水粉比的选择范围，并给出了通过用水量和水粉比计算出的粉体体积量的校验范围。通常的做法是：根据所要求的粉体的组成、骨料的品质、所要求的自密实性能和工程强度设计等级在给定范围内选取单位体积用水量和水粉比，然后计算出单位体积粉体的体积用量。此处的水粉比以及计算出来的粉体体积，其粉体含义中已经包含了所有的粉体，也包含了骨料中的粉体部分。

在传统的混凝土设计方法中，仅注重对强度的计算，故而水胶比和水灰比应用广泛，但是对于混凝土的工作度而言决定其性能的应该是其材料体积构成。对于更加注重工作性能的自密实混凝土必须从体积入手进行配合比设计，同时兼顾其强度指标。对于自密实性能要求较高的自密实混凝土，水粉比宜在规定的范围内取小值，单位粉体量宜在规定范围内取大值。对于确定种类与比例的粉体材料，水粉比与水胶比存在一一对应的关系，所以在设计高强度等级的自密实混凝土时宜取较小的水粉比值，设计低强度等级的自密实混凝土时宜取较大的水粉比值。

在进行自密实混凝土的配合比设计时，粉体的组成种类和各组分的比例不同会导致其新拌混凝土的工作性能和硬化后强度产生较大差异。在粉体构成相对稳定的情况下，水胶比和水粉比是自密实混凝土配合比的重要参数，水胶比是根据混凝土的设计强度和自密实性能确定的。当通过强度设计确定的水胶比与通过自密实性能设计所得到的水胶比不同时，应优先考虑强度要求，在配合比调整时也应考虑水胶比对强度和耐久性的影响，一般情况下不得加大水胶比。水粉比则是根据流动性和抗离析性确定的。水粉比过小，尽管拌和物的抗离析性提高，但由于黏度增大往往流动性会下降。所以，从施工角度而言也不希望过小的水粉比。因此，在配合比调整时，应关注水粉比对黏度特性的影响，确定适当的水粉比。

自密实混凝土主要采取增大粉体材料用量和选用优质高效减水剂的方法提高浆体的黏性和流动性，以利于浆体充分包裹与分割粗细骨料颗粒，使骨料颗粒悬浮在粉体材料浆体中，从而具有优越的自密实性能。有些低强度等级的混凝土，由于其水胶比较大，往往属于贫混凝土，如果仅靠增加单位体积粉体量仍不能满足材料的抗离析性时，可以适用增黏剂予以改善。但由于增黏剂的使用可能会造成凝结时间的延缓、单位体积水量的增加等问题，并且增黏剂的品种较多、性能不一，因此应通过试验加以确认，然后使用。

混凝土的含气量不仅影响混凝土的强度而且影响其抗冻性，含气量增大，抗冻性提高，但强度有可能下降。一般场合，自密实混凝土含气量的选定主要考虑粗骨料的最大粒径、混凝土设计强度，以及混凝土结构所处的环境条件的因素。前面所推荐的适宜含气量的范围一般可满足强度与抗冻性要求。但是，如果对抗冻性有较高要求时，则应通过试验确定含气量。

通过已经确定的单位体积粗骨料体积用量、单位体积用水量、单位体积粉体体积用量、含气量以及骨料中所包含的粒径小于0.075mm的粉体比率计算得到的单位体积细骨料体积用量和质量中包含细骨料所含的粉体量。

高效减水剂等外加剂掺量与粉体量、水粉比、粉体的构成、骨料特性、新拌混凝土性能要求、含气量、混凝土生产条件以及环境条件等多种因素有关。因此，外加剂的掺量应在考虑上述诸多因素通过试拌予以确定。

### 4.2.4 设计示例[3]

按照上述设计流程（先设计自密实性能，后校核调整强度等级）进行自密实混凝土初期配合比设计，示例如下。

1. 自密实混凝土性能要求

自密实性能：二级。

强度等级：C60。

2. 原材料性能

水泥：P.O. 42.5，R28＝56MPa，表观密度3.1g/cm$^3$。

粉煤灰：Ⅰ级粉煤灰，表观密度2.3g/cm$^3$。

细骨料：河砂，2区中砂，表观密度2.67g/cm$^3$，小于0.075mm的细粉含量2%。

粗骨料：碎石，5～20mm连续级配，表观密度2.7g/cm$^3$。

外加剂：聚羧酸系高性能减水剂，固含量27%。

3. 初期配合比设计

（1）确定单位体积粗骨料体积用量（$V_g$）。根据自密实性能等级选取 0.32，单位体积粗骨料体积用量为 320L，质量为 864.0kg。

（2）确定单位体积用水量（$V_w$）、水粉比（$W/P$）和粉体体积（$V_p$）。考虑到掺入粉煤灰配制 C60 等级的自密实混凝土，而且粗细骨料粒型级配良好，选择较低的单位体积用水量 165.0L 和水粉比 0.80。

通过式（2.7）计算得到粉体体积用量，粉体体积比为 0.2063，介于推荐值 0.16～0.23 之间，浆体量为 0.3713，满足推荐值 0.32～0.4。

$$V_p = V_w/(W/P) = 165.0/0.80 = 206.3\text{L} \quad (2.7)$$

（3）确定含气量（$V_a$）。根据经验以及所使用外加剂的性能设定自密实混凝土的含气量为 1.5%，即 15L。

（4）计算单位体积细骨料量（$V_s$）。因为细骨料中含有 2% 的粉体，所以可以计算出单位体积细骨料体积用量为 299.7L，质量为 800.2kg。

$$V_g + V_p + V_w + V_a + (1 - 2.0\%)V_s = 1000\text{L} \quad (2.8)$$

$$V_s = \frac{1000 - 320 - 206.3 - 165 - 15}{98.0\%} = 299.7\text{L} \quad (2.9)$$

（5）计算单位体积胶凝材料体积用量（$V_{ce}$）。因为未使用惰性掺和料，所以单位体积胶凝材料体积用量通过计算得到为 200.3L。

$$V_{ce} = V_p - 2\% \times V_s = 206.3 - 2\% \times 299.7 = 200.3\text{L} \quad (2.10)$$

（6）计算水灰比（$W/C$）与理论水泥用量（$M_{c0}$）。按照《常规混凝土配合比设计规程》进行水灰比的设计计算，根据要求确定设计强度 $f_{cu,o} = 69\text{MPa}$，已知 $f_{ce} = 56\text{MPa}$，通过计算得到水灰比 $W/C$ 为 0.32。已知用水量为 165kg，所以水泥用量为

515.6kg，体积为166.3L。

$$W/C = A \times f_{cu,e}/(f_{cu,o} + A \times B \times f_{ce})$$
$$= 0.48 \times 56/(69 + 0.48 \times 0.52 \times 56)$$
$$= 0.32 \qquad (2.11)$$

（7）计算单位体积掺和料量和实际水泥用量（$M_c$）。通过式（2.11）的计算可知单位水泥体积为166.3L，不能满足通过自密实性能计算出的200.3L粉体的要求。若使用惰性掺和料，则可以直接加入34L来补充粉体数量的不足。在没有惰性掺和料的情况下，可采用活性矿物掺和料来补充粉体数量的不足，本例中掺用常用的粉煤灰。综合考虑混凝土的强度要求和粉煤灰性能，可采用超量取代的方法。超量取代系数为1.5，设取代水泥率为$X$，可根据式（2.12）计算出实际水泥质量为412.5kg，粉煤灰掺入量为154.7kg，体积分别为133.1L和67.3L。

$$\frac{M_{c0} \times (1 - X)}{\rho_c} + \frac{M_{c0} \times X \times 1.5}{\rho_{fa}} = V_{ce}$$
$$\Rightarrow \frac{515.6 \times (1 - X)}{3.1} + \frac{515.6 \times X \times 1.5}{2.3} = 200.3$$
$$\Rightarrow X = 20\%$$
$$\Rightarrow M_c = 515.6 \times (1 - 20\%) = 412.5\text{kg}$$
$$M_{fa} = 515.6 \times 20\% \times 1.5 = 154.7\text{kg} \qquad (2.12)$$

式中：$M_{fa}$、$\rho_c$、$\rho_{fa}$分别为实际粉煤灰用量、水泥密度、粉煤灰密度。

（8）计算水胶比（$w/M_{ce}$）。在已经确定的各种材料用量的基础上通过式（2.13）计算出所设计配合比的水胶比为0.29。

$$w/M_{ce} = w/(M_c + M_{fa}) = 165/(412.5 + 154.7) = 0.29 \qquad (2.13)$$

式中：$w$、$M_{ce}$分别为单位体积用水量、单位体积胶凝材料用量。

（9）通过试验试拌确定出聚羧酸系高性能减水剂用量为胶凝材料用量的1.5%。

（10）最终确定配合比可按照表2.5所示方法进行表示。

表 2.5　混凝土配合比表示方法

| | | | |
|---|---|---|---|
| 自密实混凝土强度等级 | | C60 | |
| 自密实性能等级 | | 二级 | |
| 坍落扩展度目标值（mm） | | 650±50 | |
| V 形漏斗通过时间目标值（s） | | 3～20 | |
| 水胶比（质量） | | 0.29 | |
| 水粉比（体积） | | 0.80 | |
| 含气量（%） | | 1.5 | |
| 粗骨料最大粒径（mm） | | 20 | |
| 单位体积粗骨料绝对体积（$m^3$） | | 0.32 | |
| 单位体积材料用量 | | 体积用量（L） | 质量用量（kg） |
| 水 W | | 165 | 165 |
| 水泥 C | | 133.1 | 412.5 |
| 粉煤灰 F | | 67.3 | 154.7 |
| 细骨料 S | | 299.7 | 800.2 |
| 粗骨料 G | | 320 | 864.0 |
| 外加剂 | 高性能减水剂 | 1.5% | 8.51 |
| | 其他外加剂 | 无 | |

### 4.2.5　配合比调整

按照上述步骤初步设计出的自密实混凝土配合比并不一定保证新拌自密实混凝土的性能满足要求，需在设计完成后对该配合比进行试拌并检验拌和物是否满足新拌混凝土的自密实性能要求。一般需要验证的为新拌混凝土的自密实性能（包括流动性、抗离析性以及填充性，必要时还应对含气量加以验证）；硬化后的强度性能等。如有特殊需求还应根据具体要求进行针对性的性能检验。自密实性能检测方法一般为坍落扩展度试验、V 形漏斗试验和 U 形箱试验。

按照上节示例中初期设计配合比进行混凝土试验验证，试验结果如表 2.6 所示，满足自密实性能要求和强度性能要求。

表 2.6 试配检测结果

| 坍落扩展度(mm) | V形漏斗通过时间(s) | U形箱填充高度(mm) | 28d立方体抗压强度(MPa) |
|---|---|---|---|
| 680 | 12 | 350 | 74 |

当所配制的自密实混凝土无法满足所规定的性能检测要求时需结合其实际情况进行配合比设计调整，调整混凝土中不同的组分会对其自密实性能造成不同的影响，各种因素对自密实混凝土性能的影响如表 2.7 所示。

表 2.7 各种因素对自密实混凝土拌和物工作性能的影响

| 影响因素 | | 对自密实混凝土拌和物工作性能的影响 | | | | | | |
|---|---|---|---|---|---|---|---|---|
| | | 填充性 | 通过性 | 离析性 | 稳定性 | 强度 | 收缩 | 徐变 |
| 1 黏性太高 | | | | | | | | |
| 1.1 | 增大用水量 | + | + | − | − | − | − | − |
| 1.2 | 增大浆体体积 | + | + | + | + | + | − | − |
| 1.3 | 增加外加剂用量 | + | + | − | − | + | 0 | 0 |
| 2 黏性太低 | | | | | | | | |
| 2.1 | 减少用水量 | − | − | + | + | + | + | + |
| 2.2 | 减少浆体体积 | − | − | − | − | − | + | + |
| 2.3 | 减少外加剂用量 | − | − | + | + | − | 0 | 0 |
| 2.4 | 增加增稠剂 | − | − | + | + | 0 | 0 | 0 |
| 2.5 | 采用细粉 | + | + | + | + | 0 | − | − |
| 2.6 | 采用细砂 | + | + | + | + | 0 | − | 0 |
| 3 屈服值太高 | | | | | | | | |
| 3.1 | 增大外加剂用量 | + | + | − | − | + | 0 | 0 |
| 3.2 | 增大浆体体积 | + | + | + | + | + | − | − |
| 3.3 | 增大粉体材料体积 | + | + | + | + | + | − | − |

续表

| 影响因素 | | 对自密实混凝土拌和物工作性能的影响 | | | | | | |
|---|---|---|---|---|---|---|---|---|
| | | 填充性 | 通过性 | 离析性 | 稳定性 | 强度 | 收缩 | 徐变 |
| 4　离析 | | | | | | | | |
| 4.1 | 增大浆体体积 | + | + | + | | + | — | — |
| 4.2 | 增大粉体材料体积 | + | + | + | | + | — | — |
| 4.3 | 减少用水量 | — | — | + | | + | + | + |
| 4.4 | 采用细粉 | + | + | + | | | — | — |
| 5　工作损失过快 | | | | | | | | |
| 5.1 | 采用慢反应性水泥 | 0 | 0 | — | | — | 0 | 0 |
| 5.2 | 增大惰性物掺量 | 0 | 0 | — | | — | 0 | 0 |
| 5.3 | 采用不同类型外加剂 | ? | ? | ? | ? | ? | ? | ? |
| 5.4 | 采用矿物掺和料 | ? | ? | ? | ? | ? | ? | ? |
| 6　堵塞 | | | | | | | | |
| 6.1 | 降低最大粒径 | + | + | + | | — | — | — |
| 6.2 | 增大浆体体积 | + | + | + | | + | — | — |
| 6.3 | 增大灰体积 | + | + | + | | + | — | — |

注　“+”为产生正面影响；“—”为产生负面影响；“0”为无显著影响；“?”为不可预知影响。

对不满足工作性能要求的自密实混凝土进行配合比调整时建议按照如图2.41所示的顺序进行分析调整。

第一步：如果扩展度不满足600～700mm的要求，建议首先通过调整减水剂的掺量将扩展度调整在要求范围之内。

第二步：对于扩展度小于600mm的自密实混凝土，如果通过加入适量减水剂满足600～700mm的要求，但是发生了离析泌水现象。这种问题属于流动性能不佳的问题，产生原因主要有两方面：一是粉体用量过少、砂用量过多导致的屈服极限增大，

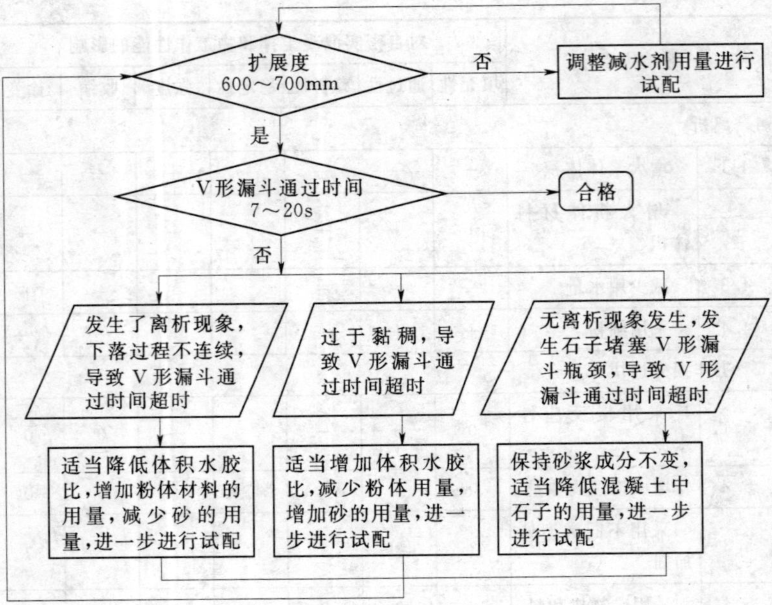


图 2.41 自密实混凝土试配调整方法流程图[39]

流动性能不佳；二是水粉比过大，减水剂用量过少导致的流动性能不佳。可以在适当降低体积水胶比并增加减水剂用量的同时，增加粉体材料的用量，进一步进行试配。

第三步：对于扩展度不满 600mm 的自密实混凝土，如果通过加入适量减水剂满足 600～700mm 的要求，并且无离析泌水现象出现，但是V形漏斗通过时间过长，超过了 30s。这种问题分为两种情况：一是下落过程连续但过于黏稠导致的超时；二是下落过程不连续，间断过多导致的超时。如果是过于黏稠，则建议适当增加水粉比、减少粉体用量；如果是下落过程不连续，则有可能是混凝土中石子粒形和用量不适当造成在V形漏斗的瓶颈处发生了石子堵塞的现象，建议适当降低混凝土中石子的用量。

总之，结合上述方法，建议依照如下顺序进行配合比设计的调整：

减水剂的用量→体积水胶比→粉体用量和砂的用量→石子的用量。

一般情况下，当砂石骨料的含量、粒径、级配等满足自密实混凝土配合比要求时，只需要调整水粉比和减水剂用量即可得到满足要求的自密实混凝土。配合比调整过程中对水粉比和减水剂用量调整的幅度可以通过相对扩展面积和相对流动速度两个判断指标进行指导。这两个指标的定义如下：

相对扩展面积为

$$\Gamma_c = (Slf_1 \times Slf_2 - Slf_0^2)/Slf_0^2 \quad (2.14)$$

式中：$Slf_1$、$Slf_2$ 分别为混凝土扩展度在垂直方向上的直径，mm；$Slf_0$ 为混凝土坍落度筒底部的直径，mm。

相对流动速度为

$$R_c = 10/t \quad (2.15)$$

式中：$t$ 为混凝土通过 V 形漏斗所需要的时间，s。

当水粉比或者减水剂用量变化时，$\Gamma_c$ 与 $R_c$ 的关系也随之变化，如图 2.38 所示。并且试验研究发现 $R_c/\sqrt{\Gamma_c}$ 与水粉比，$\Gamma_c/R_c$ 与高效减水剂用量间均为线性关系，如图 2.42 所示。通过这些关系即可计算出水粉比和减水剂用量的调整幅度。

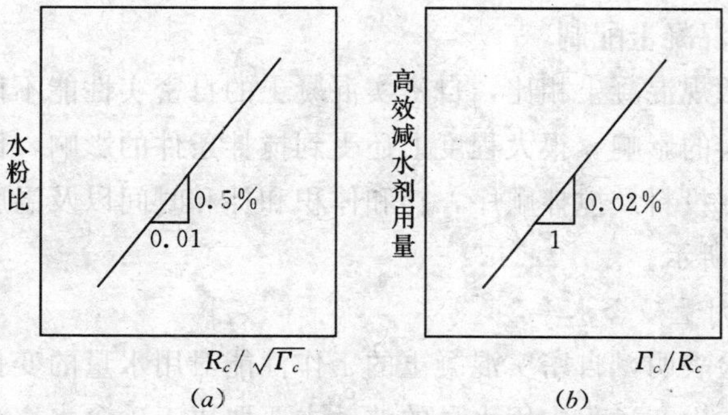


图 2.42　$R_c$ 和 $\Gamma_c$ 对配合比调整的指导作用

(a) $R_c/\sqrt{\Gamma_c}$ 与水粉比间的关系；(b) $\Gamma_c/R_c$ 与高效减水剂用量间的关系

由于在该项研究中选用了坍落扩展度 650±50mm，V 形漏斗下落时间 9～20s，所以相应的 $R_c/\sqrt{\Gamma_c}$ 应满足 0.15～0.4 的范围，$\Gamma_c/R_c$ 应满足 7.2～22.5 的范围。

## 4.3 试验室检测方法

试验室拌制自密实混凝土必须使用强制式搅拌机，一般均采用卧式单轴强制式搅拌机。试验中常用的材料称量工具、性能检测工具以及其他辅助工具等如图 2.43 所示。

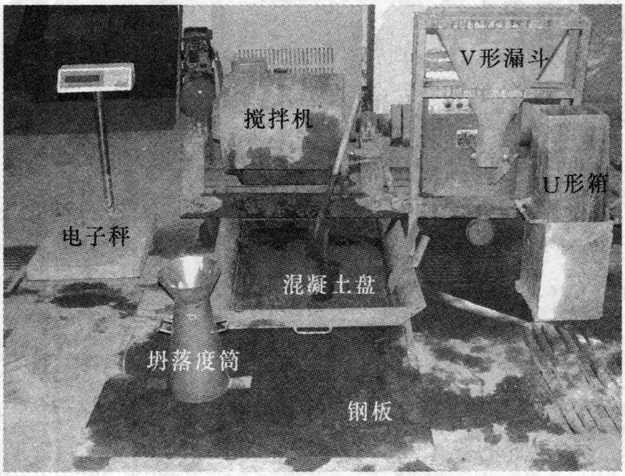


图 2.43 混凝土搅拌及检测工具

### 4.3.1 混凝土配制

与常规混凝土相比，自密实混凝土的自密实性能不仅受到各种原材料的影响，很大程度上还受到搅拌条件的影响，比如搅拌机类型，投料及搅拌顺序，拌和体积和拌和时间以及温度等，如图 2.44 所示。

1. 测量砂含水率

试验表明，自密实混凝土的工作性能对用水量的变化相当敏感，而在生产过程中用水量的波动主要取决于砂含水率波动的影响，所以在拌制自密实混凝土前准确测量砂含水率非常重要。使用不同类型粉体材料配制出的自密实混凝土的 U 形箱试验填充

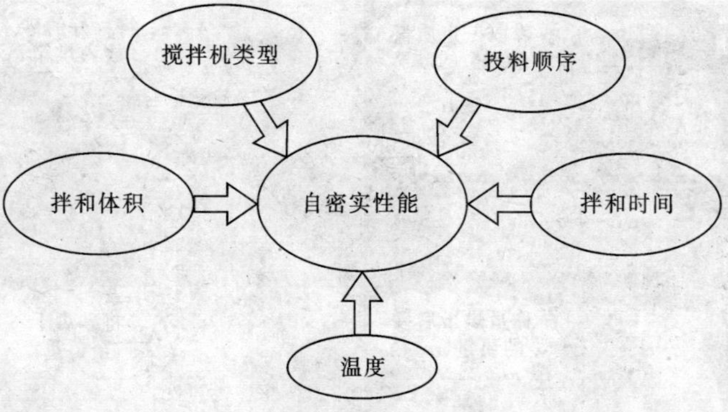


图 2.44　搅拌条件对自密实混凝土自密实性能的影响

高度与砂含水率的变化的关系如图 2.45 所示。可以看出当砂含水率与理论设计值相比发生很小的变化时，所配制出的自密实混凝土的工作性能就会大幅度降低。所以试配前必须对砂的含水率进行准确测量，并对用水量进行相应调整。

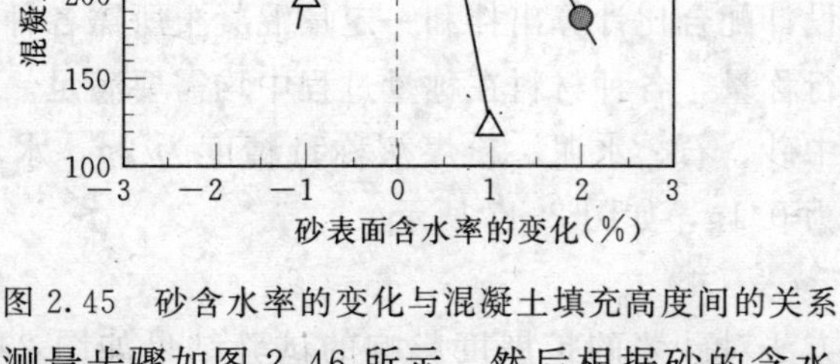


图 2.45　砂含水率的变化与混凝土填充高度间的关系

具体测量步骤如图 2.46 所示。然后根据砂的含水率对配合比中的用砂量和用水量进行调整。

砂含水率为

$$w=\frac{m_1-m_2}{m_1}\times 100\% \tag{2.16}$$

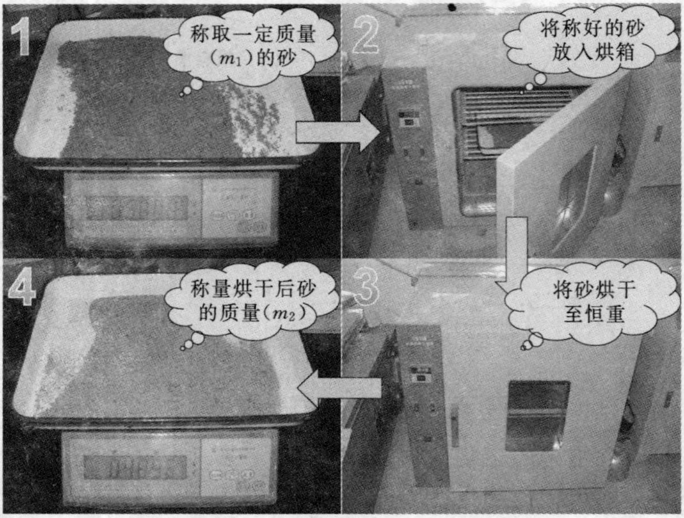


图 2.46 砂含水率测量步骤

然后，调整用水量为

$$m'_w = m_w - m_s \times w \tag{2.17}$$

用砂质量调整为

$$m'_s = m_s + m_s \times w \tag{2.18}$$

2. 材料称量

按照设计配合比计算出拌和一定量混凝土所需各种材料的质量，并进行称量，各种材料在称量过程中均需要满足一定的精度要求，其中砂、石、水泥、粉煤灰称量精度为 2g，水和减水剂称量精度为 0.1g，如图 2.47 所示。

3. 拌和

拌和方法对砂浆的扩展度影响的试验结果如图 2.48 所示，表明投料顺序以及搅拌时间会对拌和物的工作性能会产生较大的影响[42]。

通过大量试验研究拌和方法对自密实混凝土工作性能的影响后，推荐采用卧轴强制式搅拌机按以下方法进行自密实混凝土的拌和，搅拌顺序如图 2.49 所示。图 2.50 为搅拌时的情况。

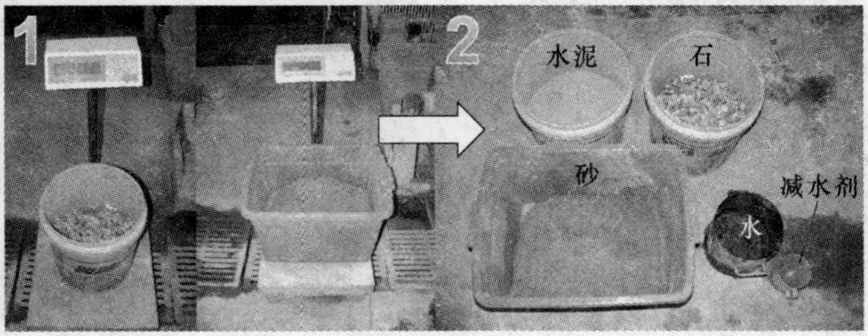


图 2.47　原材料的称量

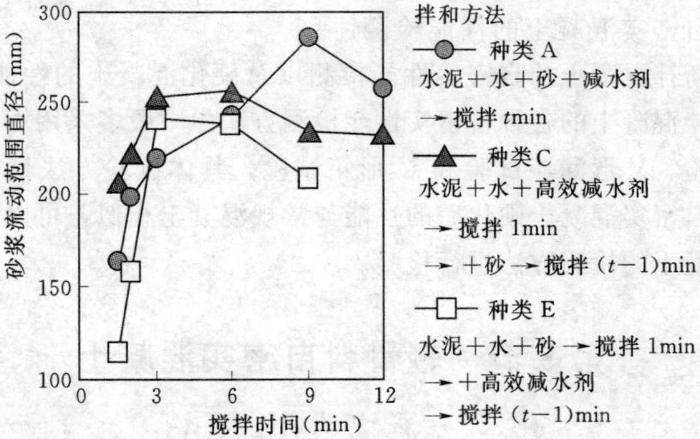


图 2.48　搅拌条件对砂浆扩展度的影响

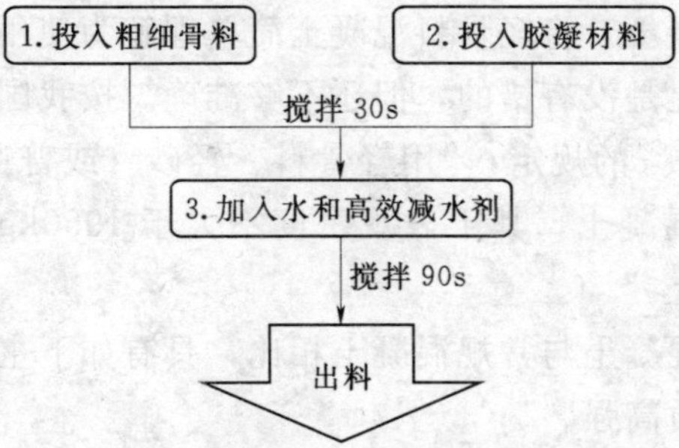


图 2.49　建议搅拌顺序

(1) 按照“先砂石，后粉体”的顺序将称量好砂石骨料和水泥倒入搅拌机中。

(2) 搅拌 30s 至干料混合均匀。

(3) 向拌和均匀的混凝土干料中加入水和减水剂。

(4) 搅拌 90s 后拌和完毕，即可出盘。

图 2.50　试验室中的单卧轴强制式搅拌

### 4.3.2　性能检测

自密实混凝土的性能检测包括新拌混凝土的自密实性能检测以及硬化混凝土的性能检测。在新拌混凝土的各种自密实性能检测方法中一般多采用坍落扩展度试验、V 形漏斗试验和 U 形箱试验，具体试验方法见本书附录。自密实混凝土硬化后的性能与常规混凝土相似，可以参考常规混凝土的检验方法进行检验。

## 第 5 节　轻骨料自密实混凝土

### 5.1　轻骨料混凝土的特性与应用范围[43, 44]

轻骨料混凝土是混凝土的一个新品种，一般来说是使用轻骨料配制成的混凝土。在我国，是仅次于常规混凝土的用量较大的一种新型混凝土。将轻骨料混凝土简单理解为使用轻骨料配置的混凝土原则上是没有错的，但还不够准确。按我国《轻骨料混凝土技术规程》[45] 的规定：“用轻骨料、轻砂（或普通砂）、水泥和水配制成的混凝土，其干表观密度不大于 1950kg/$m^3$ 者，称为轻骨料混凝土。”

轻骨料混凝土与常规混凝土相比，具有如下主要特点：

(1) 轻质高强。

(2) 保温性能良好。

(3) 抗震性能强。轻骨料混凝土由于密度小、质量轻、弹性模量低，在地震荷载作用下所承受的地震力小，振动波的传递速度慢，且结构的自震周期长，对冲击能量的吸收快，减震效果显著。

(4) 耐火性能好。轻骨料混凝土由于导热系数低，热阻值大，在高温作用下，温度由表及里的传递速度将大大减慢，可保护钢筋，其耐火极限时间可达3～4h。

轻骨料混凝土的应用如下：

(1) 主要用作墙体材料。因为轻骨料混凝土具有质量轻、保温性能好等特点，同时又兼有保温和承重多种功能，比起加气混凝土和其他轻质材料，还具有便于就地取材、原材料来源广泛、制作墙体构件不需要特殊的生产设备等特点。

(2) 在承重结构中的应用方兴未艾。由于结构轻骨料混凝土的表观密度一般为1800kg/m$^3$左右，比常规混凝土轻20%～40%，又可达到常规混凝土常用的强度。因此代替常规混凝土在承重结构上应用，可减轻结构质量，改善物理力学性能，具有较好的技术经济效果。

(3) 在某些特殊的构筑物中的应用效果良好。轻骨料混凝土除广泛用于工业与民用建筑工程中做围护和承重结构外，在我国，还用于建造桥梁、电杆、船只和烟囱、高温窑炉等耐火内衬，取得了良好的技术经济效果。

## 5.2 轻骨料自密实混凝土设计思路

常规轻骨料混凝土在施工过程中需要进行振捣成型，由于轻骨料本身比水的密度还小，因此在振捣力的作用下很容易上浮到混凝土的表层，使得成型后的轻骨料混凝土在竖直方向上很不均匀。此外，轻骨料混凝土的强度与轻骨料自身的强度以及轻骨料在混凝土中的分布有着密切的关系，因此要想得到质地均匀和硬化性能良好的轻骨料混凝土必须在成型的时候尽可能地减少振捣，以使得轻骨料均匀分布于浆体中。这就要求轻骨料混凝土必须具有良好的工作性能，即便如此，在施工的时候仍会增添不少的困难和问题。

从自密实混凝土的设计理念出发，力争用最低廉的成本为轻骨料混凝土增加自密实性能，形成轻骨料自密实混凝土，用于解决由于振捣施工造成的轻骨料上浮所带来的一系列问题。同时，自密实混凝土本身特有的黏稠性能也能够有效地将轻骨料均匀地约束在浆体中。

图 2.51　抗压试验中破坏的轻骨料自密实混凝土试块

图 2.51 中左图的左侧凹凸面为试块成型的上表面，均匀分布着一层轻骨料颗粒，在右图中能够看到，在压坏的试块的底部仍分布着大量的轻骨料颗粒，这说明，在轻骨料自密实混凝土中，轻骨料在竖直方向的分布也是均匀的。

## 5.3　轻骨料自密实混凝土的配制

试配试验中所使用的轻骨料为陶粒，粒形为球形，粒径在 5～16cm 之间，所以在粗骨料的用量上尽可能多地使用了 340L 的密实体积。轻骨料自密实混凝土并非为用于强度要求较高的工程上，试验设计强度不高，故而选用 50％的粉煤灰体积掺量，水粉比 1.08。经过试配调整得到配合比设计如表 2.8 所示。

采用上述配合比配制出的自密实混凝土密度为 1642kg/m$^3$，属于轻质混凝土范围。但是混凝土拌和物的自密实性能没有达到要求，具体检测结果如表 2.9 所示。

表 2.8　轻骨料混凝土初始配合比设计

| 材料属性 | 水泥 | 粉煤灰 | 水 | 砂 | 陶粒 | 减水剂 |
|---|---|---|---|---|---|---|
| 表观密度（$kg/cm^3$） | 3.1 | 2.3 | 1 | 2.65 | 0.91 | (0.7%) |
| 体积用量（L） | 74 | 74 | 160 | 292 | 340 | |
| 质量用量（kg） | 230 | 170 | 160 | 773 | 309 | 2.80 |

表 2.9　轻骨料自密实混凝土性能检测结果

| 检测方法 | 扩展度（mm） | V 形漏斗时间（s） | U 形箱形试验（mm） | 标养下 28d 立方体平均抗压强度（MPa） |
|---|---|---|---|---|
| 检测结果 | 580 | 27 | 280 | 20.6 |

所配制的轻骨料自密实混凝土扩展度只有 580mm，更为严重的是 U 形箱试验中填充高度仅有 280mm，检测结果均无法达到要求，如图 2.52 和图 2.53 所示。因此，针对所使用的原材料而言，必须适当增加水粉比。配合比具体调整方法为：保证用水量不变，增加粉体用量，减少砂的用量，调整后得到的配合比设计如表 2.10 所示。

图 2.52　扩展度达到 580mm 的轻骨料自密实混凝土

图 2.53　U 形箱试验检测中反浆高度仅为 280mm

表 2.10　轻骨料自密实混凝土配合比调整结果

| 材料属性 | 水泥 | 粉煤灰 | 水 | 砂 | 陶粒 | 减水剂 |
|---|---|---|---|---|---|---|
| 表观密度（$kg/cm^3$） | 3.1 | 2.3 | 1 | 2.65 | 0.91 | (0.6%) |
| 体积用量（L） | 80 | 80 | 160 | 280 | 340 | |
| 质量用量（kg） | 248 | 184 | 160 | 742 | 309 | 2.60 |

采用修正后的配合比配制出的自密实混凝土密度为 1645 $kg/m^3$，也属于轻质混凝土范围。而且混凝土拌和物的自密实性能也能达到要求，取得了较好的效果，如图 2.54 和图 2.55 所示。具体检测结果如表 2.11 所示。

表 2.11 轻骨料自密实混凝土性能检测结果

| 检测方法 | 扩展度（mm） | V 形漏斗时间（s） | U 形箱试验（mm） | 标养下 28d 立方体平均抗压强度（MPa） |
|---|---|---|---|---|
| 检测结果 | 670 | 21 | 330 | 21.8 |

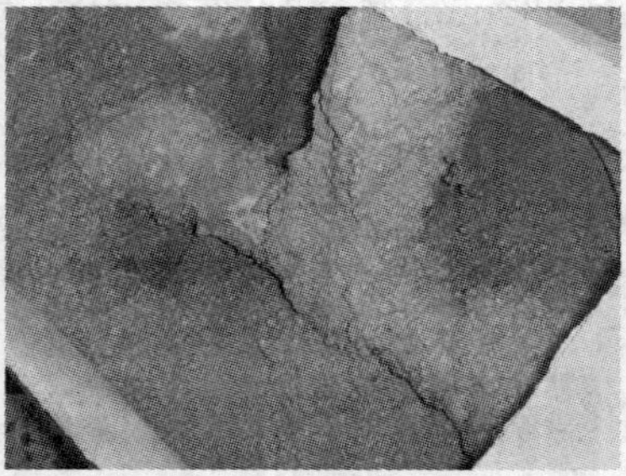

图 2.54 搅拌机中的轻骨料自密实混凝土

图 2.55 扩展度达到 670mm 的轻骨料自密实混凝土

轻骨料自密实混凝土的强度主要取决于轻骨料本身的强度。对于上述用于配制轻骨料自密实混凝土的砂浆，如果用其配制普通自密实混凝土，其强度等级能够达到 C40 以上，但是用于配制轻骨料自密实混凝土就只能够达到 C20 等级。通过对立方体抗压试验中被压坏的试块的观察能够发现，轻骨料在混凝土中分布均匀，而且在断裂面处轻骨料无一例外被破坏了，如图 2.56 所示。

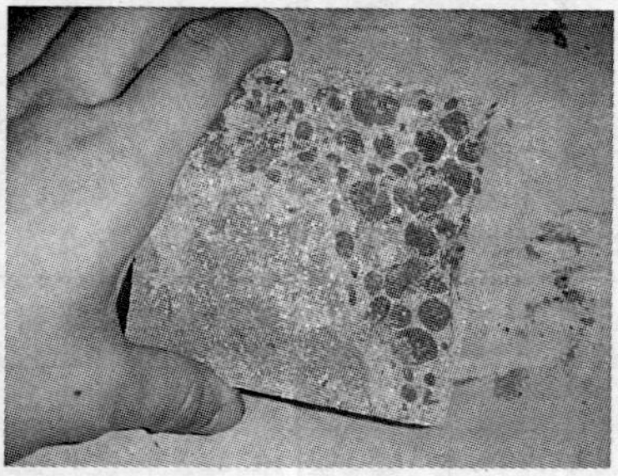

图 2.56 轻骨料混凝土的断裂

# 第3章　自密实混凝土工程技术指南

自密实混凝土的生产和施工主要包括自密实混凝土的拌制、运输、浇筑和养护。自密实混凝土结构的工程质量与生产和施工质量密切相关。目前在我国自密实混凝土的应用还不太广泛，主要应用于实际工程结构加固和工程中无法振捣的部位，以及各种混凝土预制件的生产。

在生产和施工的诸多过程中，各种因素对自密实混凝土的性能影响都很敏感，所以自密实混凝土生产和施工的规范化对确保工程质量极为重要。在施工条件允许的条件下优先使用预拌商品混凝土，并且预拌混凝土生产企业必须具有相应的资质等级证书，并具备拥有技术合格的检测人员和齐全的试验设备的试验室，以保证自密实混凝土的生产质量。

## 第1节　自密实混凝土生产与运输

自密实混凝土的质量对原材料的变动很敏感，生产和施工中各环节的控制相对常规混凝土更加严格，因此与常规混凝土相比，对施工工人的要求降低了，而对技术和管理人员的要求提高了。由于组成材料多，必须注意搅拌均匀，目前多采用卧轴强制式搅拌机，搅拌时间约为常规混凝土搅拌时间的1.5倍左右。搅拌不足的拌和物，不仅因组分分布不均匀而影响硬化后的性质，而且还会在泵送出管后产生离析现象。

### 1.1　材料管理

水泥品种可选用325、425硅酸盐水泥、普通硅酸盐水泥和矿渣硅酸盐水泥，应符合《水泥胶砂强度检验方法（ISO法）》

（GB/T 17671—99）、《水泥标准稠度用水量、凝结时间、安定性检测方法》（GB/T 1346—2001）等标准的规定。条件允许的情况下优先采用散装水泥，而且进货时必须具有质量证明书，对进厂水泥应按批复验，合格后方可使用。

矿物掺和料可采用粉煤灰、磨细矿渣或其他矿物掺和料，且应符合 DBJ/T 01—64—2002 的规定。矿物掺和料进厂必须具有质量证明书，进厂材料应按批复验，合格后方可使用。

各种材料必须分仓储存，并应有明显的标识。水泥应按生产厂家、品种及等级分别储存，同时应防止受潮和污染。矿物掺和料应按品种、级别分别储存，严禁与水泥等其他粉状料混杂。水泥、掺和料的分仓储存便于管理、提高效率、保证质量。同时需要注意的是，凡是水硬性原材料均要注意其防潮变质。

细骨料应符合《普通混凝土用砂质量标准及检验方法》（JGJ 52—92）或《建筑用砂》（GB/T 14684—2001）的规定，粗骨料应符合《普通混凝土用砂质量标准及检验方法》（JGJ 53—92）或《建筑用卵石、碎石》（GB/T 14685—2001）的规定。粗骨料宜采用最大粒径不超过 25mm 的卵石、碎石或卵碎石。材料进厂后应根据相关规范规定进行复验，合格后方可使用。

骨料的储存应保证骨料的均匀性，不应使同种规格骨料中的大小颗粒分离，同时应将不同品种、规格的骨料分别储存，避免混杂和污染。骨料的储存地面应为能排水的硬质地面。与常规混凝土相比，自密实混凝土对用水量比较敏感。为了消除由于砂含水率变化导致的自密实混凝土质量波动，建议采用以下方法对砂含水率进行控制：①采用多次频繁测量或者自动化测量的方法对含水率进行实时检测；②采取仓储或加屋顶遮盖等自然储藏方法，以及采用含水率稳定装置稳定含水率等机械方法对含水率进行控制，保证一段时间内含水率的相对稳定。

外加剂应符合《混凝土外加剂》（GB 8076—97）以及其他规范规定。对于所采用的具有改进拌和物黏度、消泡等作用的化学品，应符合该化学品相应的国家标准要求。外加剂进厂必须具有质量证明书，应按批量复验，合格后方可使用。化学品应具有产品合格证，进厂后应按批量进行必要的复验后方可使用。

与常规混凝土相比，配制自密实混凝土对外加剂的性能尤其是减水率和保塑性要求高。目前，多使用聚羧酸系减水剂配制自密实混凝土，该减水剂与萘系减水剂不相容；另外，应考虑到在不同季节由于温度变化导致外加剂的变化。因此外加剂应按生产厂家、品种分别储存，并有防止其发生变化的措施。

## 1.2　称量与拌和

满足计量精度的计量设备是保证自密实混凝土质量的前提。试验表明，自密实混凝土的工作性能对材料的计量精度比较敏感，计量精度偏差较大时，将严重影响自密实混凝土的工作性能。在生产自密实混凝土的时候，应比常规混凝土更加重视材料计量工作，因此与常规混凝土相比计量精度要求更加严格。除水和外加剂溶液可按照体积称量以外，其他原材料应按照质量计量。原材料的计量允许误差如表 3.1 所示。计量设备应能连续计量不同配比混凝土的各种材料，并应具有实际计量结果逐盘记录和储存的功能。料仓、计量器、校正用标准砝码、给水等计量设备的精度要求，须符合《预拌混凝土》（GB 14902—2003）预拌混凝土的规定。

**表 3.1　原材料计量允许误差**

| 序号 | 原材料品种 | 水泥(%) | 骨料(%) | 水(%) | 外加剂(%) | 掺和料(%) |
|---|---|---|---|---|---|---|
| 1 | 每盘计量允许误差 | ±2 | ±3 | ±1 | ±1 | ±2 |
| 2 | 累计计量允许误差 | ±1 | ±2 | ±1 | ±1 | ±1 |

注　累计计量允许误差是指每一运输车中各盘混凝土的每种材料计量和的误差，该指标只适用于采用微机控制的搅拌站。

在通常情况下，与配制常规混凝土相比，自密实混凝土的砂率较高并且粉体量较多，因而新拌混凝土相对比较黏稠。为了确保新拌自密实混凝土的匀质性，应适当延长搅拌时间，优先使用功率大的强制式搅拌机搅拌自密实混凝土，并适当减少搅拌量(一般以搅拌机容量的70%为宜)，以节约搅拌时间，使混凝土充分搅拌均匀。但根据目前使用聚羧酸系减水剂配制自密实混凝土的经验，过度延长搅拌时间会导致自密实混凝土的流动性损失。因此，在实际生产中，一定要根据实际情况确定适当的搅拌时间，一般约为常规混凝土搅拌时间的1.5倍左右。

当采用预拌商品混凝土的时候，必须使用强制式搅拌机进行自密实混凝土的搅拌，搅拌设备必须满足《混凝土搅拌机技术条件》（GB 9142—2000）的规定。另外，由于自密实混凝土的流动性较大，使得采用自落式搅拌机时出料比较困难。当在施工现场搅拌时，在施工条件允许的情况下宜采用强制式搅拌机，禁止使用人工搅拌。采用非强制式搅拌机时需适当延长搅拌时间，并且需要根据现场试拌试验确定适当的搅拌时间。

一般情况下可以按照如下投料顺序进行搅拌，先投入细骨料、水泥及掺和料，搅拌20s后，再投入2/3的用水量和粗骨料搅拌30s以上，然后加入剩余水量和外加剂搅拌30s以上。若为冬期施工，则应先投入骨料和全部净用水量后搅拌30s以上，然后再投入胶凝材料搅拌30s以上，最后加外加剂搅拌45s以上。为保证混凝土搅拌均匀，搅拌时间不得少于90s，冬季搅拌时间不得少于120s，搅拌过程中随时检查混凝土的工作性能。[42]

我国各地原材料和加工条件差异较大，并且混凝土应用工程条件的不同，所以必须根据实际情况进行试配。混凝土配合比使用过程中，应根据原材料的变化或混凝土质量动态信息及时进行调整。

## 1.3 运输

混凝土运输设备在运送混凝土时应能保持混凝土拌和物的均匀性，不应产生离析、分层和前后不均匀等现象。为了确保自密实混凝土的匀质性，建议使用带有搅拌功能的运输设备（包括运输车、运输船等）运送自密实混凝土。但考虑到自密实混凝土一般均具有较高的稳定性，如果只是近距离运输自密实混凝土，在确保自密实混凝土不会产生离析或分层或质量不均匀的情况下，也可以使用自卸汽车等没有搅拌设备的运输工具。混凝土的运输速度的确定应保证混凝土施工的连续性，并且在运输过程中应尽量避免遗洒。

混凝土搅拌运输车应符合行业标准《混凝土搅拌运输车》(JG/T 5094) 的规定。为了确保自密实混凝土的性能不受影响以及拌和水量及水胶比不变，运输车在接料前应将车内的残留其他品种的混凝土清洗干净，并将车内积水排尽。

一般情况下，混凝土的运输时间应满足规定要求，未作规定时，宜在 90min 内运输至施工现场并卸料完毕。当最高气温低于 25℃时，运送时间可延长 30min。混凝土的初凝时间应根据运输时间和现场情况加以控制，如需延长运输时间，应采用相应技术措施，并应通过试验验证。

为了保证自密实混凝土到达现场后的工作性能，要求其具有较小的坍落扩展度经时损失。当混凝土的自密实性能不满足要求时，可在试验验证的基础上通过加入外加剂进行调整，需要注意的是不允许加水。在混凝土卸料前，如需用外加剂对混凝土扩展度进行现场调整时，加入外加剂后混凝土搅拌运输车至少应高速旋转 3min，使混凝土均匀一致，经检测合格后方可卸料。并且向混凝土搅拌车中所加外加剂的种类、掺量应事先通过试验确定。混凝土生产厂家的经验数据表明卸料前搅拌运输车应高速旋转 20～30s 以上方可卸料，其目的是保证混凝土的均匀性，实际施工中，该时间可根据搅拌运输车的条件经试验确定。

## 第 2 节　自密实混凝土施工

自密实混凝土的施工与常规混凝土有所不同，为了满足工程质量要求，应根据不同工程制定合适的自密实混凝土施工方案。因此，在施工前需要制定一个全面的施工计划，同时根据施工现场及施工部位的复杂程度确定技术要求，针对不同浇筑部位制定不同的浇筑措施，并且需要在施工过程中严格按照施工计划进行管理。

## 2.1 适用范围

由于自密实混凝土优异的施工性能，可大大加快施工速率，减小劳动强度，并可避免由于振捣不足或者过度振捣而引起的混凝土严重质量事故。并且一般情况下，自密实混凝土还具有低水粉比、低温升等优势，生产过程中使用大量矿物细掺料，可保证混凝土的耐久性，但与相同强度的常规混凝土相比，弹性模量稍低，并且收缩的徐变可能较大。此问题可通过适当提高设计强度、掺用膨胀组分或纤维和收缩小的细掺料（如优质粉煤灰）等措施来解决。但因掺用大量细掺料，混凝土碱度较低，宜用于主要受压的构件，特别适用于较大体积的基础底板和桩。

自密实混凝土一般凝结时间较长，早期强度较低，不适宜冬季施工。但在大体积混凝土中混凝土温升对掺用矿物掺和料的混凝土强度发展有利，自密实混凝土可在采取保温措施的前提下使用。

对于可达到自密实的高流动性混凝土并不是所有文献上都称之为“自密实”或其他如“免振”等，如明石大桥的混凝土无论水上还是水下，都是不振捣的；美国西雅图双联广场钢管柱混凝土也是不振捣的，但都没有称作“自密实”或“免振”等，因为在“拥挤的部位”，“尽管得到坍落度而自流平，但仍需稍加振捣以保证混凝土的足够密实”，也就是说，并非任何工程浇筑的混凝土都能够完全不振捣，需要在施工规程中加以区别，否则反而会引起质量问题。

自密实混凝土的质量对原材料和配合比很敏感，因此要求严格的施工管理制度。实践表明，进行过自密实混凝土施工后，可有力地推动施工管理水平的提高，但在管理水平低、缺少技术人员的工程中不宜采用。

## 2.2　模板设计

自密实混凝土的施工对模板的材质没有特殊要求，模板及其支护部件应根据工程结构形式、荷载大小、地基土类别、施工程序、施工机具和材料供应等条件进行选择。但是由于自密实混凝土流动性大，性能与常规混凝土有较大的不同，混凝土凝结以前可持续对模板产生较大的侧压力，故对模板的要求相对较高，特别注重模板的刚度及密闭性。自密实混凝土所使用的模板形式除采用传统模板外，也可采用保温一体化模板（Insulated Concrete Forms）。保温一体化模板是近年来出现的建筑节能施工新技术，用塑料保温板既当作保温板也当作模板，在混凝土浇筑完成后不需拆除模板的工艺，如图 3.1 所示，应用该技术时宜采用自密实混凝土进行建筑物浇筑。

(*a*)

(*b*)

图 3.1　保温一体化模板

(*a*) 未拼装的保温一体化模板；(*b*) 拼装后的保温一体化墙体模板

自密实混凝土施工要求模板有足够的承载能力、刚度和稳定性来满足混凝土所产生的荷载，能可靠地承受浇筑混凝土的自重、侧压力及施工过程中产生的荷载。由于自密实混凝土的流动性大，对模板的侧压力大，施工时往往由于对自密实混凝土施加于模板的压力估计不足，致使浇筑自密实混凝土过程中出现跑模、漏浆等情况。通过试验测得新拌自密实混凝土对模板的侧压力表达式如下[3,23,46]：

$$P = K\gamma H$$

式中：$K$ 为侧压力系数，小于或等于 1.0；$\gamma$ 为混凝土比重；$H$ 为混凝土高度。

侧压力系数 $K$ 与自密实混凝土浇筑高度间的关系如图 3.2 所示。在距顶部一定距离范围内，模板侧压力与高度成正比，表现为液体压力，$K=1.0$；在距顶部一定距离以下，由于混凝土的凝结失水，以及与模板间的摩擦作用，$K<1.0$。试验表明，侧压力系数随着自密实混凝土的流动能力不同而不同，一般情况下距最高浇筑表面约为 2～3m 范围内对模板的侧压力表现为液体压力，$K=1.0$。新拌自密实混凝土的侧压力系数一般为0.6～1，随着浇筑时间的增长，混凝土逐渐硬化，侧压力系数 $K$ 也随之迅速减小，直到最终完全硬化后减至 0。

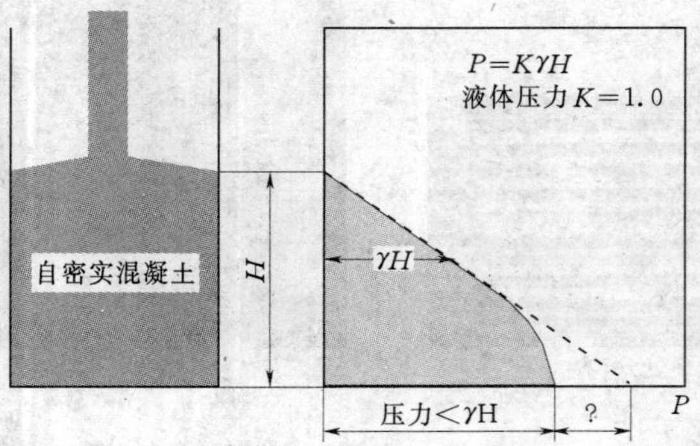


图 3.2　自密实混凝土侧压力系数与浇筑高度间的关系

在实际工程中，为了留有一定的安全系数，日本土木协会建议"进行设计时，自密实混凝土对模板的侧压力应作为液体压力（$K=1.0$）来计算。"[2]

应用于实际工程中自密实混凝土浇筑的模板应构造紧密、不漏浆，不影响自密实混凝土均匀性及强度发展，并能保证构件形状正确规整。自密实混凝土的流动性很强，模板间的微小缝隙都会造成跑浆、漏浆的发生，影响到施工效果和工程质量。模板应严密，不得有低于最高浇筑表面的缺口。根据以往工程经验，模板间的缝隙应小于 1.5mm，当缝隙较大时应堵塞或用胶带封严。若上部封闭的空间部位进行自密实混凝土浇筑，则需要在上部留有排气孔，否则会导致排气不顺，造成混凝土的空洞。

安装模板时，为确保钢筋保护层厚度，应准确配置混凝土垫块或钢筋定位装置等。模板的支撑立柱应置于坚实的地（基）面上，并应具有足够的刚度、强度和稳定性，间距适度，防止支撑沉陷引起模板变形。上下层模板的支撑立柱应对准。对于有特殊要求部位的模板施工，应制订专项施工技术方案。

模板及其支护的拆除顺序及相应的施工安全措施在制定施工技术方案时应考虑周全。拆除模板时，不得随意投掷。拆除的模板及支架应随拆随运，不得在楼板面形成局部过大的荷载。同时，也应防止对模板的损伤。

底模及其支架拆除时混凝土强度应符合设计要求；当无设计要求时，混凝土强度应符合表 3.2 的规定。

**表 3.2　底模拆除时的混凝土强度要求**

| 构件类型 | 构件跨度（m） | 达到设计的混凝土立方体抗压强度标准值的百分率（%） |
|---|---|---|
| 板 | ≤2 | ≥50 |
|  | >2，≤8 | ≥75 |
|  | >8 | ≥100 |
| 梁、拱、壳 | ≤8 | ≥75 |
|  | >8 | ≥100 |
| 悬臂构件 | — | ≥100 |

## 2.3　浇筑前检查

为了确保施工现场自密实混凝土的顺利浇筑，保证工程质量，搅拌站及施工单位技术人员应在自密实混凝土出站前和浇筑前分别对混凝土的自密实性能进行检查，确认无问题后方可进行混凝土浇筑。

自密实混凝土种类发生变化时，需对其抽样进行自密实性能检测。除此之外，建议所有自密实混凝土在浇筑前需要进行全量检测。自密实混凝土的全量检测用于全程实施检测现场浇筑过程中的自密实混凝土的自密实性能，适用于各个等级的自密实混凝土自密实性能的测定。

进行全量检测的工具称为全量检测仪，其结构如图 3.3 所示，检测仪使用金属材料制作。全量检测仪的尺寸可根据结构物的配筋情况，对其外部尺寸以及内部障碍通过协商进行调整。[47,48]

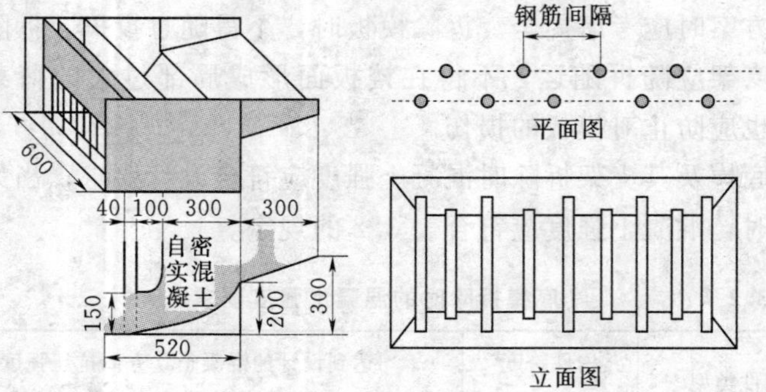


图 3.3　全量检测仪结构及障碍图

施工中自密实混凝土的全量检测方法如下：将全量检测仪置于自密实混凝土卸料口，使自密实混凝土首先通过全量检测仪，然后再进行浇筑，如图 3.4 所示。能够顺利通过全量检测仪的自密实混凝土具有良好的自密实性能，可以进行浇筑施工；反之，则该批混凝土的性能不满足要求，应进行自密实性能调整后使用或者另作处理。

## 2.4　浇筑

为获得良好的自密实混凝土，选择适当的工具及浇筑方法是很重要的。在自密实混凝土生产前，设计人员与生产人员应进行

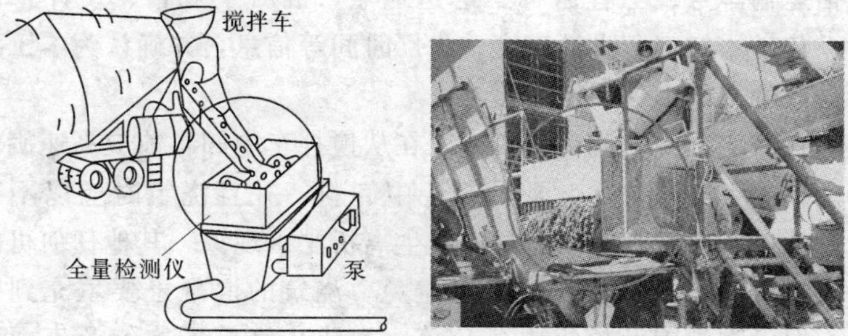


图 3.4　全量检测仪及其使用方法

协商，察看施工现场和施工部位，根据实际情况确定自密实混凝土的技术要求和施工方案，对混凝土和混凝土输送管进行布置，保证混凝土浇筑顺利和均匀布料的需求。一般来说，自密实混凝土适合于泵送浇筑，在施工条件允许的情况下尽量使用泵送方式浇筑。当现场条件限制，不能采用泵送方式时，可以采用溜槽、吊罐等方式进行浇筑。

浇筑前，输送管线及卸料口的配置应事先加以规划，以确保自密实混凝土能有适当的流动距离，达到骨料在混凝土中均匀分布的效果。混凝土泵的种类、台数、输送管径、配管距离等应根据试验结果及实际施工情况确定。混凝土输送管路应用支架、吊具等加以固定，不得直接与模板和钢筋接触，除出口处外其他部位不宜使用软管和锥形管。

自密实混凝土黏度比常规混凝土大，需要较大的泵送压力。在泵送方式适当的情况下，增加泵送压力不容易发生混凝土离析泌水现象，也不容易发生管内堵塞，但是泵送速度较快时压力损失较为显著。经过泵送的自密实混凝土会发生坍落扩展度损失的现象，长距离泵送时宜在施工前进行泵送试验进行确认，以免发生泵送后混凝土性能变化的现象。对自密实混凝土的泵送应尽可能缩短泵管长度，较少泵管的弯头数量，泵管的接头处应严密，不得有漏浆现象。

在自密实混凝土运抵施工现场时，应先核对送货单上资料，包括运输车号、工程名称、送达地点、混凝土规格、设计扩展度、化学添加剂、设计密度、出厂时间等信息，并确认为本工程所需混凝土，以免误用。

自密实混凝土流动性较大，在从搅拌车中卸料前应高速旋转20～30s后再向混凝土泵受料斗中卸料。并且浇筑时应以不振动、不捣实为原则，以免材料发生离析泌水现象，其他任何可能造成材料离析的动作均应予以避免。浇筑的混凝土要填充到钢筋、埋设物周围及模板内各角落，为防止浇筑不均匀及表面气泡，可在模板外侧辅助敲击。

自密实混凝土的浇筑效果主要取决于自密实混凝土的工作性能，因此在施工中保持自密实混凝土浇筑的连续性是其关键。自密实混凝土应在其高工作性能状况消失前完成泵送和浇筑，不得延误时间过长。混凝土搅拌站的供料应配合现场自密实混凝土的浇筑速度，避免浇筑中断或待料过久的情形发生。泵送时应考虑自密实混凝土性能、构件形状、配筋状况，根据试验结果及施工实际情况确定自密实混凝土的浇筑速度。自密实混凝土的泵送和浇筑应保持其连续性，当因停泵时间过长，混凝土不能达到要求的工作性能时，须对泵管内的混凝土进行处理，及时清除混凝土泵及泵管中的混凝土，重新浇筑，或采用打循环的办法防止堵泵。

浇筑作业时，自密实混凝土运抵现场至泵送前的待料时间不得超过90min，并且必须符合钢筋间隙通过试验的要求。对现场浇筑的混凝土要进行监控，运抵现场的混凝土坍落扩展度低于设计扩展度下限值时不得施工，可采取经试验确认的可靠方法调整坍落扩展度。对自密实混凝土的现场控制应在卸料地点进行，卸料地点与浇筑地点之间往往要通过泵送和其他方式运送自密实混凝土，因此对混凝土的控制既要考虑浇筑部位的要求，也要考虑泵送及泵送后混凝土的变化。此外，在降雨雪时不宜在露天浇筑混凝土。

一般情况下，浇筑时的最大自由下落高度宜在5m以内。尽管自密实混凝土具有较好的黏聚性和抗离析性，但是在最大浇筑高度超过 5m 时，仍需要采用窜筒下料以避免自密实混凝土离析分层。采用自密实混凝土的工程部位往往较为复杂，最大水平浇筑距离应视其具体情况而定，但一般不宜超过 7m。

分层连续浇筑混凝土时，在下一层混凝土初凝后浇筑上一层混凝土易产生交接冷缝，为使上下层混凝土一体化，避免冷缝的产生，应在下一层混凝土初凝前开始上一层混凝土的浇筑。自密实混凝土浇筑后，静止过程中因气泡溢出会导致混凝土表面高度的沉降，可在浇筑时适当高于所要求的标高，也可在混凝土初凝前补充浇筑至所规定的标高。

浇筑混凝土时，钢筋、模板、定位装置的移动和变形，将对结构尺寸、工程质量造成不利影响，应严格控制，禁止这种情况的发生。由于自密实混凝土侧压较大，当模板刚度不够时容易发生胀模，浇筑之前要检查模板及支架、钢筋及其保护层厚度、预埋件等的位置、尺寸，确认正确无误后，方可进行浇筑。并且在浇筑过程中，承包商应指派有经验的工程人员随时检查模板的状况。若发现不当沉陷、变形、变位、扭转或严重漏浆等情形，应立即停止浇筑，经检查并加强稳固后继续浇筑。

此外，自密实混凝土与其他类型混凝土存在差异，如果采用滑模施工方式进行浇筑，应保持模板平整光洁，并严格控制混凝土的凝结时间使之与滑模速率匹配，以保证自密实混凝土的浇筑质量，并且需要防止滑模产生拉裂、塌陷。

一般情况下，相比常规混凝土来说，自密实混凝土强度增长速度略为缓慢，拆模时间须视自密实混凝土早期发展的实际强度而定，混凝土达到规定强度后方可进行。

## 2.5　养护

养护是防止混凝土产生裂缝的重要措施，应充分重视，并制定养护方案，派专人负责养护工作。自密实混凝土的后期养护与常规混凝土基本相同，但早期养护非常重要。由于自密实混凝土的胶凝材料比例一般较高，混凝土的水灰比较小，混凝土在终凝前的失水极易造成早期收缩裂缝，早期的养护尤为重要，因此应充分重视。一般情况下，自密实混凝土浇筑完毕，应及时养护，并适当延长预养护时间，养护时间不得少于14d。钢管混凝土和保温模板一体化施工技术等不拆模无外露混凝土面的可省略养护过程。

自密实混凝土浇筑后，应及时加以覆盖，防止水分散失，并在终凝后立即洒水或者喷雾养护，洒水次数应以能保持混凝土表面湿润为准。也可在混凝土初凝后采用塑料薄膜覆盖或喷涂养护剂，表面有养护剂后可不浇水养护。

对于底板和楼板等平面结构构件，面积大并且相对比较薄，容易失水。自密实混凝土浇筑收浆和抹压后，宜及时采用塑料薄膜覆盖。混凝土硬化至可上人时，揭去塑料薄膜，铺上麻袋或草帘，用水浇透，有条件时尽量蓄水养护。但在夏季施工时应注意避免阳光直射塑料薄膜，以防混凝土温升过高。

对于截面较大的柱子结构来说，宜用湿麻袋围裹喷水养护，或用塑料薄膜围裹自生养护，也可涂刷养护液。墙柱体自密实混凝土浇筑完毕，混凝土达到2.5MPa后，必要时可松动模板，离缝约3～5mm，在墙柱体顶部架设淋水管，喷淋养护。拆除模板后，应在墙面覆挂麻袋或草帘等覆盖物，避免阳光直照墙面，连续喷水养护时间应根据工程环境条件确定。地下室外墙宜尽早防护及回填土。

此外，冬季施工时不能向裸露部位的自密实混凝土直接浇水养护，应用保温材料和塑料薄膜进行保温、保湿养护。

## 第3节　自密实混凝土预制件生产[8,11,12,49]

预制构件具有工厂化生产、质量好、工艺简单、周期短（无须支模、绑筋、浇筑、养护、拆模等工艺）、现场施工及湿作业大大减少、混凝土遗洒减少和噪声扰民降低等优点，有利于文明施工和环境保护。这些预制构件的传统长处将日益显示出优势。

在力学性能方面，预制构件的裂缝控制性能优于现浇，预制构件的混凝土已完成了收缩变形；预应力构件以预应力抵消拉应力，其裂缝控制性能远优于现浇混凝土结构，如能配以高强钢筋而形成高效预应力构件，扩大跨度和承载力，可以适应真正大开间的住宅要求。从世界建筑业的发展情况而言，随着工厂化生产和装配程度的提高，预应力技术的应用呈上升趋势。在发达国家预制构件不仅占有一定市场而且技术不断得到发展。我国的预制构件行业一度非常发达，其不会淘汰也不会消亡，但必须作彻底的改造，通过技术进步和产品换代获得新生。

采用自密实混凝土生产的混凝土构件具有高强度和高耐久性的特点，在无需振捣的条件下可以达到混凝土构件表面光洁度要求，适用于大跨度高耐久预应力桥梁构件、盾构管片、顶管、新型墙体、楼板、阳台构件等混凝土预制构件产品。采用常规混凝土和自密实混凝土进行预制盾构管片的生产流程分别如图 3.5 和图 3.6 所示。图 3.5 中，用来浇筑盾构管片的常规混凝土坍落度较低，向管片模板中卸料后需要进行人工振捣密实，振捣完毕后还需要进行人工抹面，整个过程需要大量人工进行室内作业，生产效率较低。图 3.6 中采用自密实混凝土进行同样的预制管片生产，可以在室外集中作业，并且所需人工较少，只需将生产出的自密实混凝土浇筑至管片模板中并进行集中养护即可，生产效率较高，并且大大节省了资源。相比之下，采用自密实混凝土可以免去振捣和抹面工序，节省人力并且提高工作效率，同时还大大改善工作环境，降低噪音等。

自密实混凝土由于具有高流动性，可以适应复杂构件形状和配筋配管要求；其高强度性可以减小构件断面尺寸；高耐久性可以有效延长建筑物使用寿命。在荷兰已有 20 多家混凝土生产企业将自密实混凝土应用在预制建筑构件的生产，其中约有 5%的预制件采用自密实混凝土生产，截至 2002 年，自密实混凝土预制件总产量达到 250000$m^3$。德国的 HOCHTIEF 公司也在 1999 年率先将高性能混凝土用于预制件中，在 2001 年采用高性能自密

图 3.5 使用常规混凝土生产盾构管片工序

图 3.6 使用自密实混凝土生产盾构管片工序

实混凝土预制件达到其全部产品的40%。截至2005年，美国自密实混凝土预制件约占到混凝土预制件的75%左右。[10]

由于自密实混凝土预制构件尺寸、结构复杂程度的不同，自密实性能的保持时间应根据生产要求进行适当调整。浇筑大型预制构件时为了保证构件的整体质量必须保证自密实混凝土的连续供应，分区或分层浇筑时应该在前次混凝土自密实性能保持时间内及时进行后续浇筑。一般情况下，使用自密实混凝土进行预制构件的浇筑时，混凝土的运输距离和运输时间均较短，也就是说与在实际工程中应用相比，对自密实混凝土的自密实性能的保持时间要求降低。这样就可以在满足具体要求的情况下进行适当的配合比调整，从而可以降低自密实混凝土的单价。

由于自密实混凝土预制构件模板的封闭性比较强，气体不易排出，如果自密实混凝土浇筑过快，将产生气泡，影响预制构件的外观及内在质量。一般情况下，采用自密实混凝土生产预制构件时，浇筑速度不宜太快，不应大于自密实混凝土在自重下的流动速度。

自密实混凝土由于取消了振捣这一环节，减少了对模板的损伤，可以适当减少对模板耐久性及强度的要求。但自密实混凝土流动度的加大，增加了对侧面模板的侧压力，刚度又需要加强，应充分保证侧面模板的刚度和支护强度。

自密实混凝土预制构件的外观质量与模板的材质、脱模剂的质量有很大关系，应认真选择。对外观有严格要求的预制构件，应严格选择适当材质的模板和脱模剂种类，同时可以对模板进行适当的辅助性振动和敲打。为防止气泡的产生，采取适当的敲打是有利的。

由于形状复杂或者比较封闭的模板，混凝土浇筑时气体不易排出，在模板上设置排气孔或采用透气模板，可以防止自密实混凝土气泡的产生。

蒸汽养护和使用早强型外加剂都可以提高自密实混凝土的早

期强度，能够缩短脱模时间。预制构件需要短时间脱模时，经过后期强度的验证可以采用蒸汽养护，也可以采用具有早强功能的外加剂。

## 第4节 自密实混凝土的质量控制

自密实混凝土具有优良的流动性能，在施工作业中无需振捣，具有诸多优势，属于高性能混凝土。但是自密实混凝土的自密实性能对外界干扰非常敏感，会受到生产中诸如原材料特性或计量上的波动、搅拌设施与运输过程等各种波动因素的影响而大幅度变化，从而会对硬化后混凝土的强度和耐久性能产生较大影响。所以自密实混凝土生产和施工各环节的控制要求相对比较严格，生产和施工的规范化对确保工程质量极为重要。生产自密实混凝土的企业应具备完善的质量管理体系和相应资质的技术人员，以及与产品相适应的混凝土检测设备、试验条件。相比常规混凝土来说，自密实混凝土对施工中操作工人的要求降低，而对技术和管理人员的要求提高了，将大量的管理工作从施工现场转移到生产过程中。

如图3.7所示，自密实混凝土的质量控制主要包括三个部分：①自密实性能控制；②强度控制；③耐久性控制。其中最核心的部分还是自密实性能检测。自密实混凝土自密实性能的检测控制与工程质量密切相关，直接决定工程中混凝土硬化后所具有的强度和耐久性。这是因为在自密实混凝土配合比确定时，就混凝土材料本身来说，硬化后的强度和耐久性肯定能满足工程要求，实际工程中影响混凝土强度和耐久性的因素就是自密实混凝土的自密实性能能否满足工程要求。

自密实混凝土自密实性能的优劣直接关系到浇筑后混凝土的均匀性和密实程度，如果充填能力不足，会使模板和障碍物周围的部分空间出现空洞，为结构物的安全留下隐患。同时，由于抗离析能力的不足，会导致填充不均匀，从而使结构的力学性能不

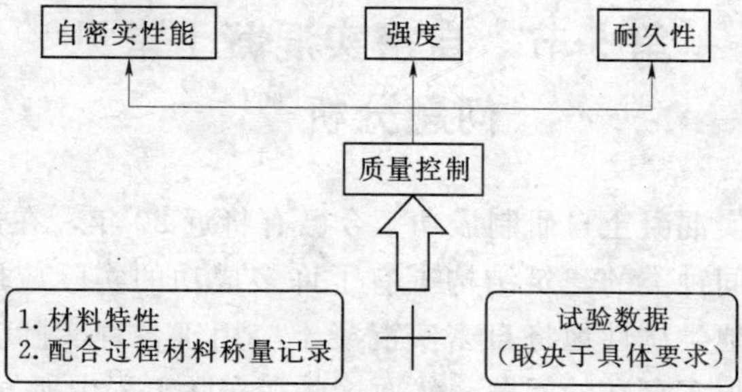


图3.7 自密实混凝土质量控制因素

均，容易出现局部破坏，影响整个结构的耐久性。因此，自密实性能的优劣与工程质量间有很好的相关性，良好的工程质量依赖于良好的自密实性能，从而才能够达到设计要求的均匀密实的填充效果。

根据实际工程经验，自密实混凝土质量控制中可控制的因素主要有：根据具体工程要求进行配合比设计过程中的试验数据记录；生产过程中各种原材料特性的记录和每批混凝土的配合比称量记录。在实际应用时可通过以下措施进行质量控制：

(1) 生产系统的质量控制水平。选用质量控制体系良好、人员素质较高的工厂生产。

(2) 骨料质量控制。级配稳定，供应充足；良好地控制骨料含水率的波动，最好避免露天堆放；应更加频繁地检测骨料级配和含水率。

(3) 加水量。计量尽可能精确；考虑骨料含水率，调整加水量。

(4) 生产监测和调整。每次生产的前几批混凝土性能质量易出现波动，最好对每批新拌混凝土均进行自密实性能检测，并根据检测结果进行适当的调整，直到性能稳定。在性能稳定后自密实混凝土的生产中也应该对每批混凝土进行目测检验。

(5) 现场性能检验。自密实混凝土运送到工地现场后，应采用简便快捷的试验方法，再次检验确认性能是否发生变化。

# 第 5 节　自密实混凝土常见问题分析[50]

自密实混凝土自研制成功至今已有将近 20 年，在这 20 年中已经在不同种类的建筑结构上有了许多成功的实际应用。但是，在世界各地尝试性地将自密实混凝土应用于各种实际工程中时，也发现了很多存在的问题。然而这些在实际工程中所发生的问题大部分都没有被正式记录下来，以至于在其他工程中应用自密实混凝土时也会一遍又一遍地重复发生。本章的主要内容就是对这些常见问题进行汇总，并提出简易可行的解决方案，从而可以在工程中有效预防类似问题的发生。

## 5.1　问题汇总及经验

### 5.1.1　问题 1：原材料堵塞

一家混凝土搅拌站准备为建筑工地供应自密实混凝土，并且使用粉煤灰作为矿物掺和料。在准备生产前很久就购入了粉煤灰并将其存放在一个储料罐中。正式施工需要生产自密实混凝土时，粉煤灰储料罐发生堵塞，无法将粉煤灰从储料罐中取出，最终不得不采用人工打开储料罐罐口才将粉煤灰取出，整个过程持续了两个多小时。

1. 原因

粉煤灰自从被放置在储料罐中之后就没有使用过，等到需要使用时已经在储料罐中放置 1 个月左右。搅拌站中其他设备运行时产生的振动使得粉煤灰在罐中堆积密实，从而在罐口发生了堵塞。

2. 经验

生产自密实混凝土前对各种原材料的提前检查非常重要。拌制自密实混凝土时一般需要使用较多的矿物掺和料，比如粉煤灰、矿渣和石粉等。这些材料在罐中储藏过久而不使用通常会引起一些问题。一般在正式生产自密实混凝土前，需要检查粉体材料的储藏和称量装置是否存在问题。并且进行配合设计时的试验室试拌与在工程中应用时的正式搅拌不宜间隔太久。

### 5.1.2　问题 2：投料困难

一家混凝土搅拌站准备使用高炉矿渣作为矿物掺和料来生产自密实混凝土，但是没有多余的储料罐来存放矿渣，于是决定在生产过程中使用人工将高炉矿渣倒入搅拌机内。结果，整个搅拌过程的生产效率很低，并且搅拌时所带来的灰尘引起了工人们的抱怨。

1. 原因

因为工作环境较差，使用人工向搅拌机中投料难度很大。一般情况下，搅拌机周围的空间较小并且灰尘很多，搅拌混凝土时使用人工将粉体材料投入搅拌机中是相当费力的。

2. 经验

如果生产自密实混凝土时需要使用额外的矿物掺和料，应尽可能将其储存在一个方便取料和称量的储料罐中。使用人力来代替机械的自动作业难度较大。同时需要注意的是，工人在恶劣的工作环境中工作会不可避免地造成生产效率和混凝土生产质量的降低。

### 5.1.3　问题 3：搅拌机停机

在一次自密实混凝土的生产中，开机搅拌时搅拌机总会发生停机，然后试图通过重新起动搅拌机来继续搅拌，但均发生停机现象，最终只能将搅拌机中原料倒掉，然后将搅拌机更换为搅拌能力更强的双轴强制式搅拌机，顺利完成了自密实混凝土的生产，整个过程持续了 20min。

1. 原因

自密实混凝土的水粉比很低，使得自密实混凝土具有很高的黏度。在搅拌过程中对搅拌机搅拌能力的要求比常规混凝土要高很多，这也就是搅拌时会发生搅拌机停机的原因。

2. 经验

搅拌像自密实混凝土这样高黏度的混凝土时，每次所搅拌的量通常要比常规混凝土少。根据搅拌站实际生产自密实混凝土的经验，一般使用搅拌机搅拌能力的70%左右为宜。另外还应该注意，搅拌过程中自密实混凝土对搅拌机产生的阻力还和原材料的投料顺序有关。

### 5.1.4 问题4：搅拌时间

一个混凝土搅拌站在一次自密实混凝土生产过程中同时还需要生产常规混凝土，所以两种混凝土只能进行交替搅拌。在交替生产的过程中，操作员在其中一次搅拌完常规混凝土后继续生产自密实混凝土时忘记对搅拌时间进行设置。所以后来那批自密实混凝土均是按照常规混凝土的搅拌时间1min进行搅拌，而实际自密实混凝土的设计搅拌时间是2min。最终出盘的混凝土只是未拌和完全的低流动性混凝土，不能用于实际工程中，不得不扔掉。

1. 原因

由于水粉比较低的原因，生产自密实混凝土时所需搅拌时间通常需要比常规混凝土长一些。根据混凝土搅拌站的生产经验，生产自密实混凝土时至少要搅拌2min以上。现在常用的新型搅拌系统中，搅拌时间一般可根据混凝土的配合比自动设置，所以类似的由搅拌时间设置不当而引起的问题已经很少见了。但是在搅拌时间仍是独立于混凝土配合比而需要进行单独设定的混凝土生产系统中，就应该注意这个问题。

2. 经验

无论搅拌时间是不是与混凝土的混合比例绑定在一起，都要对操作系统进行检查。如果二者是独立的，在搅拌之前更需要加倍小心对搅拌时间进行设定。混凝土搅拌时间设定的细则应在混凝土生产系统手册或者核对表中给出。

### 5.1.5 问题5：搅拌机类型

一家混凝土搅拌站在自密实混凝土的生产过程中使用微型搅拌机进行搅拌。搅拌过程中不可能通过搅拌机上的摄像头来控制混凝土的搅拌状态，所以操作员就试图通过观察搅拌机的功率表来控制搅拌过程。在最初几盘混凝土的搅拌中，通过这种方法很成功地控制了混凝土的生产质量。但是在搅拌了大约10盘以后，功率表所显示的搅拌机功率变得越来越小，最终减到第一批的50%左右，已经不能通过对功率表的监控来控制混凝土的生产质量。

1. 原因

在自密实混凝土的搅拌过程中，混凝土不断黏着并堆积在搅拌机的叶片上，使得每批混凝土的实际搅拌量变少了，从而导致了搅拌机搅拌功率的降低。最后在每盘搅拌完毕后均对搅拌机进行清洗，使得搅拌机的搅拌功率恢复正常。

2. 经验

一般来说，微型搅拌机的搅拌效率均较低。对于使用大掺量粉体材料的自密实混凝土来说，一般推荐使用强制搅拌机（双轴搅拌机或者盘式搅拌机）。虽然微型搅拌机也可以用来生产自密实混凝土，但是需要注意的是，在生产过程中需要更长的搅拌时间，以及要对搅拌机的搅拌状况进行监控。

### 5.1.6　问题6：流动性的波动

在一个水利工程中使用自密实混凝土来填充坝体结构中预制廊道的下部。夏季搅拌站在生产混凝土时，需要对骨料进行喷水预冷，导致自密实混凝土的流动性能发生波动，每一批自密实混凝土的流动性都不尽相同。于是工作人员试图通过增加测量骨料表面含水率的次数来解决这个问题，但是由于骨料表面含水率太高导致测量精度很低，最终也无法控制自密实混凝土的流动性。

1. 原因

夏季对骨料的喷水预冷使得骨料的表面含水率很高。这种情况下，料仓中骨料的含水率分布不均，从而无法控制自密实混凝土的流动性，使其保持恒定。

2. 经验

自密实混凝土的流动性很大程度上受用水量的影响，特别是骨料的表面含水率。可以通过以下3种方法来控制骨料含水率的稳定，以便最终得到质量稳定的自密实混凝土。

(1) 骨料准备好之后至少要存放至少1～2天时间，使其静置至含水率稳定且分布均匀。可以通过加盖顶棚的方法避免风吹雨淋日晒等因素的影响。

(2) 每批混凝土拌和前先测量骨料含水率。

(3) 每次开始搅拌时不要使用最表层的那部分骨料。另外，通过离心力使湿砂脱水可以有效使其含水率保持恒定。

### 5.1.7　问题7：原材料变化

一家混凝土搅拌站采用粉煤灰作为矿物掺和料生产自密实混凝土。由于用来储存粉煤灰的储料罐较小，每次进料只够使用2周，所以就必须经常购入新粉煤灰。一直以来，该搅拌站所生产的自密实混凝土的含气量一直在允许范围之内，但有一天突然超出允许范围。后来工作人员对所有原材料进行检查，发现是粉煤灰的特性发生了变化。

同样在另一家混凝土搅拌站使用粉煤灰作为矿物掺和料生产自密实混凝土时也出现了类似的问题。在一次生产过程中，相邻两盘搅拌的自密实混凝土流动性相差很大。后来从生产记录单上发现也是粉煤灰的特性发生了变化。

1. 原因

原材料中粉煤灰的特性发生变化是导致所生产的自密实混凝土的性能发生变化的主要原因。

2. 经验

粉煤灰的特性根据火电站的不同而不同，以上两个问题都是由于在同种自密实混凝土的生产过程中使用了不同特性的粉煤灰引起的。为了避免为同一工程生产的同一批自密实混凝土性能发生类似的突变，建议采用以下方法。

(1) 生产同一批自密实混凝土前，一次性购买足够量的原材料，以免两次购入的原材料特性发生变化。

(2) 每盘混凝土在搅拌前都要对配料单进行仔细核对。

### 5.1.8　问题8：自密实混凝土从搅拌卡车中溢出

在一个建筑工程中使用混凝土搅拌车将自密实混凝土从搅拌

站运输到施工现场，当搅拌车停在一个斜坡上并试图开动时，自密实混凝土从料罐中撒了出来。

1. 原因

这种问题是由 3 个因素引起的：

(1) 搅拌车超载，在运输过程中盛放了过量的自密实混凝土。

(2) 自密实混凝土具有很好的流动性。

(3) 搅拌车在斜坡上急停急开。

2. 经验

如果交通法规规定载重上限的话，这种问题就可以避免，但是在山区的建筑工地上，超载还是会发生。此外，不仅工程师需要了解自密实混凝土的流动特性，运输司机也需要对其有所了解，以免运输过程中发生问题。

### 5.1.9　问题 9：离析泌水

一家混凝土搅拌站在夏季生产自密实混凝土时，刚刚出盘时混凝土的坍落扩展度满足设计要求。但是将自密实混凝土运输到建筑工地后，混凝土坍落扩展度超过了 700mm，并且发生了离析泌水现象。不仅这一批混凝土出现问题，以后的每一批都出现了同样的问题。后来对混凝土的温度进行测量，发现已经超过了 30℃。

1. 原因

施工过程中运输到工地的混凝土的实际温度比进行配合比设计时的温度高了很多，而高温会影响到高效减水剂的作用效果以及作用时间。

2. 经验

通常情况下，高效减水剂的作用会受到环境温度的影响，其受影响的程度取决于高效减水剂的种类、用量、水泥的种类以及搅拌时的投料顺序等等。进行配合比设计时需要模拟实际工程条件对混凝土的自密实性能，及对其经时变化进行检测。此外，在工期较长的工程中，还需要考虑到温度的季节变化，并且通过调整高效减水剂的用量或者种类来解决温度的影响。

### 5.1.10 问题10：泵送管道爆裂

在一个建筑工地上使用Y形管道泵送自密实混凝土，在完成泵送接近一半的时候，Y形管道连接处部分突然发生爆裂，大量混凝土从管道中流了出来。

1. 原因

自密实混凝土的黏度很高，泵送时需要较高的压力，如果管道的承载压力较低，则在泵送过程中受到较高的压力后就有可能发生爆裂。

2. 经验

自密实混凝土的高黏度决定了其在泵送过程中需要高泵送压力，这样有时就会导致管道的破裂，可以通过使用一些壁厚较大的管道来避免类似的问题。

### 5.1.11 问题11：跑模

一个建筑工地中使用自密实混凝土浇筑墙体。当自密实混凝土基本上已经浇筑完毕时，墙体下方模板局部开裂发生跑模，大量自密实混凝土从跑模缺口处流出。用来修补模板和清理流出混凝土的时间比浇筑混凝土的时间还要长很多。

类似的问题还有很多，在一个水利工程中在使用自密实混凝土进行隧道衬砌时，模板选用的是滑动钢模，但是侧面选用的是木质模板。在浇筑过程中，侧边木模开裂发生跑模，从缺口处流出大量自密实混凝土。

1. 原因

由于对模板的支撑不够，在自密实混凝土的高侧压力下导致跑模。

2. 经验

需要引起注意的是，新拌自密实混凝土具有很高的流动性，对侧边模板的压力近似于液体压力。自密实混凝土可以从很小的间隙中流出，在高侧压力下一旦发生跑模，大量自密实混凝土就会在跑模缺口处流出。因此浇筑自密实混凝土时必须保证模板及其支撑的刚度和强度，避免在浇筑过程中发生跑模。此外，浇筑自密实混凝土时测量模板所受的侧压力以及控制自密实混凝土的浇筑速度也可以有效防止跑模。

### 5.1.12　问题12：泵送后的性能变化

一个建筑工程中自密实混凝土的浇筑过程使用泵送方式来输送自密实混凝土。在自密实混凝土运输到施工现场后还具有较好的流动性，但是经过泵送到浇筑仓面之后，混凝土变得很硬，流动性几乎完全丧失。也就是说，泵送过程改变了混凝土的流动性。

另外一个建筑工程中需要将自密实混凝土泵送50m之后浇筑。在自密实混凝土运输至施工现场后对其进行了自密实性能检测，各种检测指标均符合要求。但是泵送至浇筑仓面后发现从泵管中流出的自密实混凝土发生严重的离析泌水现象，最终只能处理掉仓面表面的泌水并重新浇筑。

1. 原因

泵送时的高压可能会改变自密实混凝土的自密实性能，可能会造成混凝土流动性的降低或者导致混凝土的离析泌水。

2. 经验

实际工程中关于泵送后自密实混凝土的特性发生变化的例子有很多，有的是降低流动性能，有的导致离析泌水，有的反而能增加流动性。至今还没有发现发生这些问题的机理，可能配合比、高效减水剂的种类和搅拌方法都会有一定的影响，最好在工程中正式浇筑前通过泵送试验来检查混凝土的质量。

### 5.1.13　问题13：收缩裂缝

在一个桥梁工程中使用自密实混凝土浇筑桥的栏杆扶手，拆模后第5天发现了一批裂缝，裂缝的宽度达到了0.1mm，裂缝间距10m左右。最终采用水泥和环氧化合物来修补裂缝，在后来所使用的自密实混凝土中加入膨胀剂避免了该问题的发生。

1. 原因

这些裂缝产生的原因可能是自身收缩，也可能是干燥收缩或者温度应力的作用。另外，各种车辆在桥上经过时引起的震动对早期混凝土的影响也可能是产生裂缝的因素之一。

2. 经验

需要引起注意的是，混凝土的特性、结构的设计、养护条件或者环境状况均可能引起自密实混凝土硬化后产生裂缝。

### 5.1.14　问题 14：温度裂缝

在一个水利工程中使用自密实混凝土封堵导流隧洞，浇筑完毕几天后拆模时，在混凝土塞的中间发现了一条宽度约为 0.5mm 的裂缝，最终施工人员通过灌浆来修补裂缝。

1. 原因

这条裂缝的出现是由于混凝土的高水化热造成的。在针对该工程进行自密实混凝土配合比设计时，设计人员对自密实混凝土的性质进行检测，并没有由于水化热而产生温度裂缝。然而，在实际工程中使用时发生了自密实混凝土的抗离析能力没有达到工程需要的情况，于是现场通过增加水泥用量的方法使得新拌混凝土的自密实性能满足工程要求。混凝土配合比的临时修改造成实际的水化温升比预计高出很多，结果导致产生温度裂缝。

2. 经验

自密实混凝土为了达到较高流动性能的同时还具有较强的抗离析能力，其配合比中要使用比常规混凝土高得多的粉体材料。由于不同粉体材料的适用性或者搅拌站储料罐数量的限制，一般用量最高的粉体材料还是水泥，这就可能导致实际水泥用量超过强度性能要求所需的水泥用量，从而产生高水化温升。新拌混凝土为了达到必要的自密实性能，配合比中“足够的粉体含量”比“水泥含量”重要得多，使用类似石粉和粉煤灰之类的粉体材料来生产自密实混凝土可以有效降低混凝土的水化热，如果使用低热水泥生产自密实混凝土则可以不使用其他粉体材料。总之，在自密实混凝土配合比设计时必须进行必要的温度应力分析。

### 5.1.15　问题 15：表面气泡

在一个水利工程中使用自密实混凝土进行隧洞衬砌，拆模后发现混凝土表面存在很多较大的气泡。于是施工人员在混凝土到达龄期之后进行钻孔取芯对其内部进行检查，并没有发现气泡的存在。

1. 原因

自密实混凝土的高黏度导致在浇筑过程中进入混凝土内部的气泡不能在初凝前及时从表面逸出。

2. 经验

一般情况下，如果自密实混凝土表面的气泡不深，则不会影响到混凝土的耐久性。为了使自密实混凝土的具有良好的外观，可以通过以下几种方法来消除表面气泡。

(1) 减慢浇筑速度。

(2) 增加混凝土流动距离。

(3) 减小混凝土垂直落差。

(4) 在模板的表面进行轻微振动。

### 5.1.16　问题 16：麻面

一个桥梁工程中使用自密实混凝土进行一个高架桥墩的浇筑。在浇筑过程中，在垂直方向上泵送了 40m 之后自密实混凝土发生了泌水现象。浇筑完毕拆模后发现混凝土表面好像被水冲过一样，这种现象被称为“麻面”。通过试验检测发现只有表面存在这种现象，混凝土体本身具有足够的强度，对混凝土的耐久性不会产生负面影响。

1. 原因

自密实混凝土的离析泌水是由泵送时的高泵送压力引起的。此外，上述工程中所使用的混凝土中的含水量也高于最佳用水量，这是因为当时为冬季施工，却仍然使用夏季施工时的自密实混凝土配合比，只通过调整高效减水剂的用量并且增加用水量来调整新拌混凝土的自密实性能。

2. 经验

混凝土的最佳配合比取决于环境温度以及所使用的原材料特性，所以对于工期较长的工程，需要对自密实混凝土的配合比进行季节性调整。

### 5.1.17 问题17：蜂窝

一次工程试验中使用流动性略小的自密实混凝土来浇筑一个建筑物的墙体，拆模后发现在墙体的底部发现了蜂窝现象，墙体中的钢筋都暴露在外面。

1. 原因

除了自密实混凝土本身流动性低之外，泵送也会使流动性降低。此外，浇筑过程中混凝土的垂直落差较大时也会加速分离。

2. 经验

只有浇筑时所使用的自密实混凝土具有足够的自密实能力时才能达到所谓的“无需振捣密实”，所以在正式施工前需要对泵送后的混凝土进行自密实性能检测。还需要注意自密实混凝土并不是万能的，也不可能在任何工程的任何部位都能达到密实。自密实混凝土的密实度不仅由本身自密实性能而决定，同时还受到建筑物中施工部位和施工方法的限制，比如流动距离和垂直落差等。

### 5.1.18 问题18：初凝缓慢

一个建筑工程在使用自密实混凝土浇筑时，发现浇筑完毕2天后混凝土还没有开始初凝，最终在浇筑完成的第5天才开始硬化。

1. 原因

这批自密实混凝土生产时所使用的减水剂是萘系减水剂。在正式生产前两天，高效减水剂储藏罐中的搅拌叶片出现问题不能正常工作，导致减水剂中用来保持混凝土坍落度的那部分成分沉淀到储藏罐的底部。而在混凝土正式生产时所使用的就是罐底的那部分高效减水剂。

2. 经验

虽然聚羧酸系减水剂在自密实混凝土减水剂市场中占主导地位，但是有时仍然会使用一些萘系减水剂。需要注意的是，一些萘系减水剂中含有固体成分，使用前需要搅拌均匀。总之，为了避免问题的产生，在生产自密实混凝土之前有必要检查一下各种原材料的状态。

## 5.2　问题分析

对以上所有问题及其成因总结并分类，如表 3.3 所示。这些问题产生的成因可以分为 6 类：混凝土生产计划；对原材料及其特性检查不足；对自密实混凝土的特性了解不够；混凝土配合比设计；施工计划和新拌时的失效。很多问题都是在一个或几个原因的综合作用下产生的。

**表 3.3　问题出处及其成因汇总**

| 问题成因 | 问题出处 | 问题编号 |
|---|---|---|
| 生产计划 | 计量、搅拌 | 2，3，4，5 |
| 检查原料及其特性变化 | 计量、初期及硬化后的质量 | 1，6，7，13，18 |
| 对自密实混凝土了解不够 | 运输、泵送、模板、硬化后的质量 | 8，10，11，13，17 |
| 配合比设计 | 初期及硬化后的质量 | 9，13，14，16 |
| 施工计划 | 泵送、硬化后的质量 | 12，15，17 |
| 新拌混凝土的失效 | 浇筑、硬化后的质量 | 10，12，13，16，17 |

5.1 小节所提及的问题大多是由自密实混凝土的新特性所造成的，如图 3.8 所示。新拌自密实混凝土的高黏性使得其在生产过程中需要较大的搅拌能力，在泵送过程中需要较高的泵送压力，从而会对搅拌机和泵管带来额外的荷载。高流动性使得其在初凝前对侧边模板产生较大的侧向压力，对模板强度和刚度的要求较高。此外，自密实混凝土对用水量非常敏感，用水量或者骨料含水率的波动都会对混凝土的自密实性能造成较大的波动，导致离析泌水或者流动性能不足。自密实混凝土在生产时一般需要使用较多的矿物掺和料，就需要在搅拌站中增加一些额外的储存和称量设备。有时为了达到良好的自密实性能，不得不使用较高的水泥含量，这样就会对后期混凝土硬化后的水化温升和裂缝问

题等造成隐患。自密实混凝土由于其自密实性能可以无需振捣密实，给浇筑方法带来了重大变革，施工中需要针对不同的工程需求制定相应的浇筑计划，比如浇筑时间、浇筑速度、垂直落差、水平流距等参数的确定。

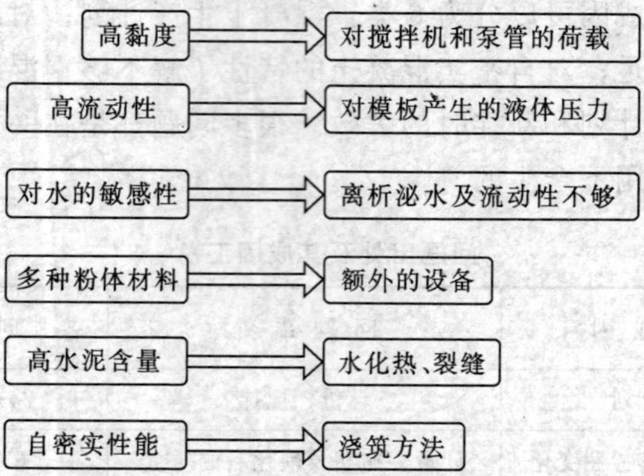


图 3.8　自密实混凝土新特性对生产和施工的影响

自密实混凝土在生产、运输和施工过程中问题的产生过程如图 3.9 所示。可以看出，通过对自密实混凝土性能的充分了解，

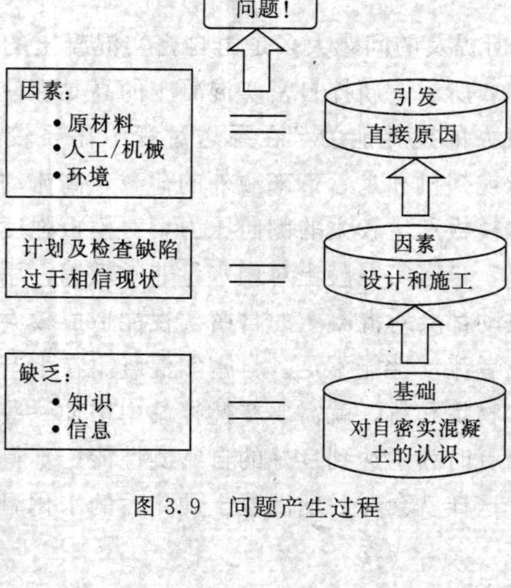


图 3.9　问题产生过程

以及对生产计划、配合比设计和施工计划的充分检查，以上大多数问题都是可以避免的。

同样，如图 3.10 所示，自密实混凝土生产过程中的问题有可能影响到施工过程，而施工过程中的问题又可能影响到混凝土硬化后的特性。例如，如果新拌自密实混凝土本身的自密实性能就没有达到要求，发生了离析泌水现象，则在其后的泵送过程中就有可能导致泵管在较高泵送压力的作用下发生爆裂，或者浇筑至模板后导致浇筑不密实或者骨料下沉等，最终导致结构中的混凝土产生蜂窝、麻面、初始裂缝等缺陷，对建筑物的力学性能和耐久性能造成不良影响。各个过程中的问题都互相联系在一起形成问题链，只有在最初阶段切断问题链，才能防止更多的问题在以后的过程中接踵而至。

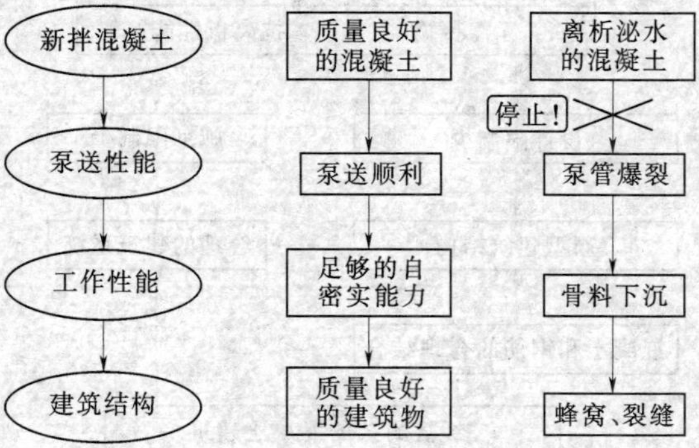


图 3.10　问题链

# 第 6 节　应用自密实混凝土的新型建筑体系

在实际工程中正确使用自密实混凝土，不仅可以保证结构体中混凝土的密实度，还可以带来良好的经济效益。譬如：浇筑过程中无需振捣，节省了大量振捣所需的人工和机械费用；可以加快施工进度，缩短工期，使工程早日投入使用，创造经济效益，等等。然而，除了应用在大体积建筑物之外，在其他大多数建筑物中使用自密实混凝土往往并不能带来工程总造价的降低，主要是因为常规建筑体系建立在常规混凝土需要振捣密实的基础上，并不能充分发挥出自密实混凝土所特有的优势。

自密实混凝土的新特性所带来的设计方法和施工方法上的变革可以大大改进上述所提到的常规建筑体系，因为常规建筑体系中的混凝土振捣密实很容易导致离析泌水现象，是合理化建筑施工的一大障碍。一旦消除这个障碍，混凝土建筑物将会更加合理化，并且发展出一个包括结构设计、施工以及后期加固修复的新型建筑体系，如图 3.11 所示。

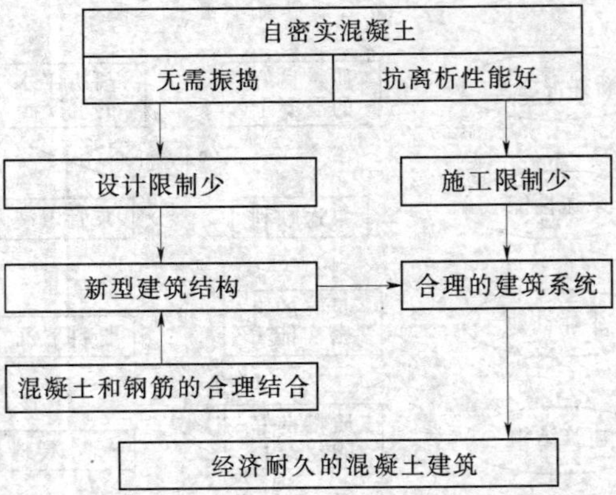


图 3.11　充分发挥自密实混凝土优势后的新型建筑体系

自密实混凝土在施工过程中无需振捣密实，从而在建筑结构的设计过程中就会有更少的设计限制，可以使混凝土和钢筋的结合作用更加合理，出现新型的建筑结构。同时，由于自密实混凝土的高抗离析能力，使得在施工过程的限制更少，与所出现新型建筑结构相结合就会形成更合理的建筑系统，最终建造出经济合理的混凝土建筑物。

其中一个很好的例子就是已经在日本神户建成的“三明治结

构”建筑物，这种建筑结构将自密实混凝土直接浇筑在钢壳之中形成，如图 3.12 所示。如果没有自密实混凝土技术的发展，是不可能出现这种新型建筑结构的。

图 3.12　“三明治结构”建筑物

# 第4章　堆石混凝土技术

## 第1节　堆石混凝土施工技术及研究现状

### 1.1　堆石混凝土[51~56]

堆石混凝土概念的提出源于在大坝施工中采用自密实混凝土的设想。大体积混凝土特别是大坝混凝土，要尽量降低水泥用量，从而降低混凝土的水化热和成本。而采用高粉体量和小粒径骨料的自密实混凝土很难满足这样的要求。相反，采用的骨料粒径越大，单位体积水泥量越少，越能降低水化热、节约成本。目前大坝混凝土往往采用四级配，骨料最大粒径可达到150mm。在混凝土的生产和施工过程中，常规混凝土搅拌和施工工艺受到拌和能力、振捣能力的限制，难以使用更大粒径的骨料。自密实混凝土充填堆石体施工工艺，采用自密实混凝土代替高流动砂浆，将一定粒径的堆石直接入仓，形成有空隙的堆石体，然后从堆石体上部倒入自密实混凝土，利用自密实混凝土的高流动抗离析性能，使自密实混凝土依靠自重自动填充到堆石体的空隙中，形成完整、密实、有较高强度的混凝土，这样形成的混凝土称为堆石混凝土，如图4.1所示。堆石混凝土简而言之就是用自密实性能优良的自密实混凝土充填堆石体所形成的致密混凝土，它由大块的堆石和带有小骨料的自密实混凝土构成，如图4.2所示。堆石混凝土技术是清华大学所有的中国国家专利技术（专利号ZL03102074.5）。

### 1.2　性能优势

堆石混凝土由于其独特的施工工艺，使得其较常规混凝土具有很多显著优势。

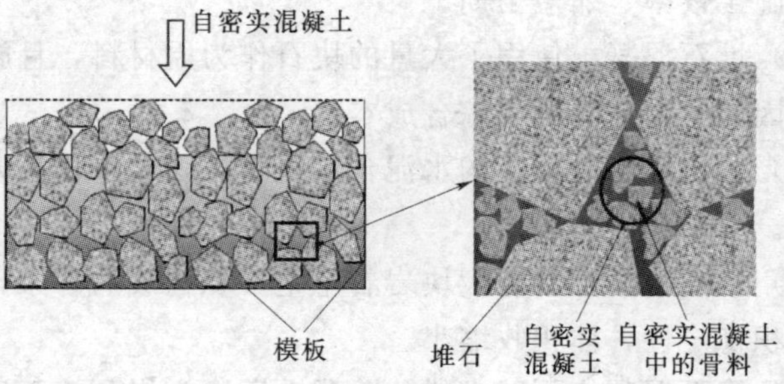


图4.1　自密实混凝土充填堆石体形成堆石混凝土

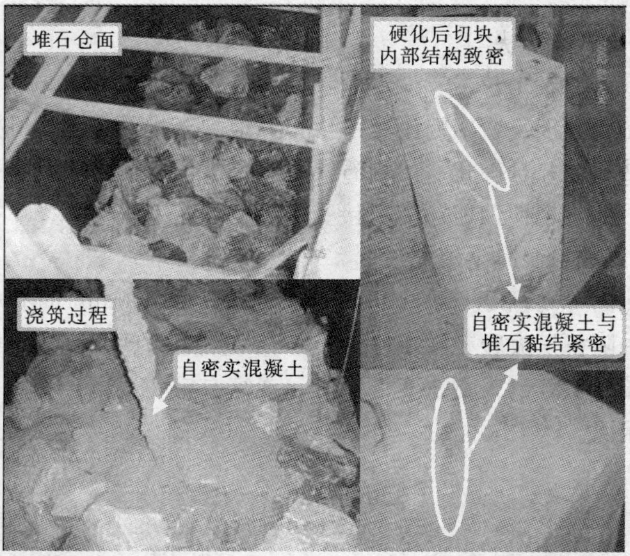


图4.2　堆石混凝土浇筑成型及其内部的致密结构

（1）堆石混凝土施工过程简单，极大限度地降低了混凝土仓面的施工人员和机械工作量，现场控制管理更加简便易行。

（2）堆石混凝土避免了混凝土振捣密实的过程，消除了人为的不利干扰，施工质量和稳定性更加容易保证。

（3）堆石混凝土施工工艺简单流畅，能大幅提高大仓面素混凝土的施工效率、缩短工期。

(4) 堆石混凝土使用了大量的块石作为原材料，且施工工艺简单，因此大大地降低了综合成本。

(5) 单位堆石混凝土的水泥含量很少，因此水化温升小，温控简单。

(6) 堆石混凝土具有大块岩石稳定堆积构成的骨架，具有优良的体积稳定性，体积收缩小。

(7) 堆石混凝土可减少或免除凿毛工序，提高施工速度。

(8) 堆石混凝土在施工过程中能源消耗低，环境负荷小，更加绿色环保。

## 1.3 研究现状

堆石混凝土技术发展至今，已经通过各种试验室试验和现场工程试验验证自密实混凝土可以很好地填充堆石体间的孔隙形成致密结构，并且硬化后的堆石混凝土具有满意的力学性能和耐久性能，但是长期性能还需要接受实际工程的考验。

### 1.3.1 堆石混凝土填充试验

如图 4.3 所示，在 500mm×500mm×2000mm 的有机玻璃模具中随机摆放粒径在 150～200mm 范围内的块石形成堆石体，在一端开口处倒入自密实混凝土，观察自密实混凝土在堆石体的流动状况。

图 4.3 箱形充填试验容器中随机摆放的块石

试验中自密实混凝土在堆石体中形成从浇筑点向外扩展的斜面，新浇自密实混凝土顺斜面向前推进，逐步充填堆石体。透过透明的试验箱可以清楚地观察到充填效果，如图 4.4 所示。图 4.5 为拆模后的堆石混凝土体，通过表面观察可以清楚地看到自密实混凝土能够很好地填充堆石体的孔隙，形成完好的堆石混凝土块体。从图 4.6 上可以看出自密实混凝土从堆石体断面上所有的空隙中流出，表明自密实混凝土在堆石体的三维空隙中具有良好的通过性能。

图 4.4　自密实混凝土在堆石体中的流动形态

图 4.5　拆模后的堆石混凝土块体

为了进一步检查和确认充填效果，还对浇筑成形的堆石混凝土试件进行弯曲试验，如图 4.7 所示。以及采用回弹仪进行了强度检测。弯曲试验后堆石混凝土的破坏断面如图 4.8 所示。可以

图 4.6 从堆石空隙流出的自密实混凝土

清楚地看到自密实混凝土能够很好地填充堆石体的内部空间，没有发现明显的孔隙，自密实混凝土自身的小粒径骨料分布均匀。弯曲加载形成的破坏断面较为平整，穿过该截面的堆石块体均被拉断，说明自密实混凝土与堆石骨料的黏结很好，没有在骨料表面产生泌水现象。根据破坏荷载推算得到的试件抗拉强度为2.08MPa。回弹仪强度测试结果如表 4.1 所示，与弯曲试验推算出的抗拉强度吻合。

**表 4.1　　回弹仪强度测试结果**

| 试　件 | 龄期(d) | 强度均值(MPa) | 标准差(MPa) | 强度等级(MPa) |
|---|---|---|---|---|
| 1 号试件<br>堆石混凝土 | 7 | 39.81 | 3.35 | 34.30 |
| | 14 | 50.82 | 3.71 | 44.71 |
| 2 号试件<br>堆石混凝土 | 7 | 41.15 | 2.53 | 36.98 |
| | 14 | 46.22 | 2.22 | 42.57 |

图 4.7 堆石混凝土块体弯曲破坏试验

图 4.8　弯曲试验得到的堆石混凝土破坏断面

### 1.3.2　堆石混凝土综合性能检测

施工过程中由于浇筑层厚的限制，会在堆石混凝土中存在施工冷热缝，形成堆石混凝土中的薄弱面。通过试验模拟实际施工过程，设计并浇筑了带有施工冷热缝的大尺寸堆石混凝土试块。试验中试块尺寸为 2.0m×1.0m×1.8m，分三层浇筑完毕，每层厚 600mm，浇筑方式如图 4.9 所示。试块具体浇筑步骤如图 4.10 所示：采用吊罐模拟泵送浇筑的方式先在模板中浇筑第一层厚度为 600mm 的堆石混凝土，然后在 1h 之内完成第二层 600mm 堆石混凝土的浇筑；前两层堆石混凝土浇筑完毕 1d 后拆模，喷水养护至 3d，重新支模后完成第三层 600mm 堆石混凝土的浇筑；试块整体浇筑完毕 1d 后拆模进行喷水养护。在 600mm 高度处第一二层间存在一条施工热缝，在 1200mm 高度处第二三层间存在一条施工冷缝。

图 4.9　堆石混凝土试件浇筑方式

试验中采用的块石的平均粒径为 25cm 左右，硬化后的三层堆石混凝土中平均石块堆积率为 51.7%，自密实混凝土的设计强度为 C15（试验测得 28d 的实际强度为 17.2MPa）。

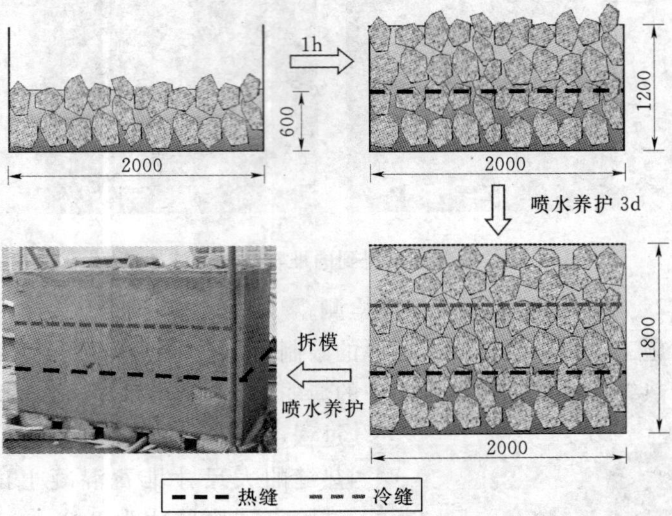


图 4.10　试件浇筑过程示意（单位：mm）

从养护 28d 后的堆石混凝土试块的不同位置切割取样出不同尺寸的试块分别进行力学性能和抗渗性能检测。抗压试验试件大小为 150mm × 150mm × 300mm；抗渗试件大小为上底直径 175mm，下底直径 185mm，高 150mm 的圆台。

堆石混凝土试件的破坏形式如图 4.11 所示，3 组试件的平均轴心抗压强度为 16.7MPa，换算成立方体抗压强度为 22.0MPa，高于填充堆石所使用的自密实混凝土强度。可以表明堆石混凝土中自密实混凝土和石块之间具有良好的胶结能力。

抗渗试验采用如图 4.12 所示的流程，采用高强自密实砂浆将切块修补为标准抗渗试件，按照《水工混凝土试验规程》（DL/T 5150—2001）中的相关试验方法进行。分别对普通部位、热缝部位和冷缝部位的切块进行了检测，检测数据如表 4.2 所示。对于普通部位和热缝处的堆石混凝土而言，其抗渗等级能够达到 W30 以上，远远超出了一般水工结构物的标准，即使是抗渗相对薄弱的冷缝处，其抗渗等级也达到了 W14，亦能够满足一般要求。试验说明，填充良好的堆石混凝土具有优良的抗渗性能。

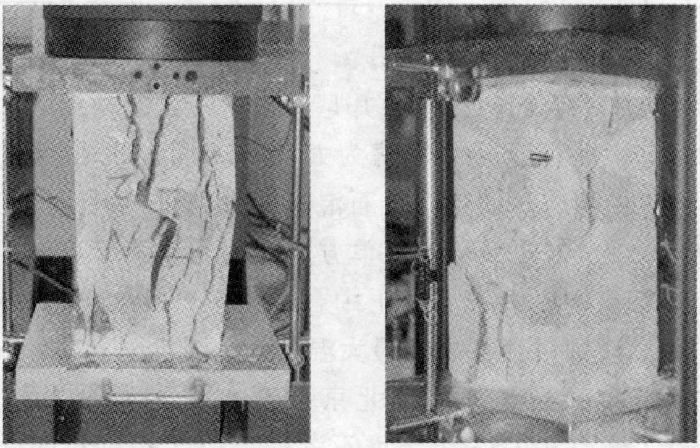

图 4.11　堆石混凝土切块抗压强度试验的破坏形式

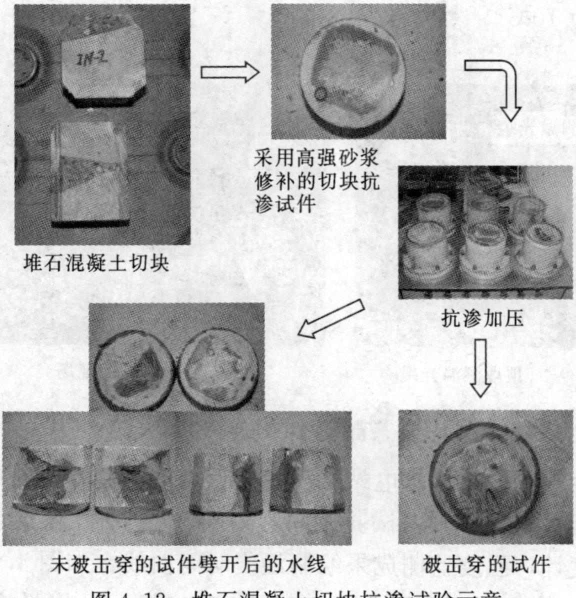


图 4.12　堆石混凝土切块抗渗试验示意

表 4.2　堆石混凝土切块抗渗试验数据

| 试件位置 | 普通部位 | 冷缝处 | 热缝处 |
|---|---|---|---|
| 抗渗等级 | W35 | W14 | W31 |

### 1.3.3　堆石混凝土的绝热温升

堆石混凝土内部的绝热温升是由于自密实混凝土的水化反应引起的，可将堆石混凝土理解为大块石四周包裹着自密实混凝土，其包裹比例应按照整个堆石混凝土中堆石与混凝土的比例估算。C20 等级自密实混凝土的单方水泥用量约为 200kg，最大温升约为 35℃；一般堆石混凝土中自密实混凝土的体积约占到总体积的 40%，则可估算出其最大温升约为 15℃左右。

在使用堆石混凝土进行北京某蓄水池工程重力坝的建设中，埋设了光纤对 C15 等级堆石混凝土内部的温升进行实时检测，如图 4.13 所示。施工期为 2005 年 9～11 月，对于尺寸大于 20m×10m×1.5m 的堆石混凝土仓面，实际观测的内部最大温升为 10℃。

预埋测温光缆　　　测量温升的现场

图 4.13　某蓄水池工程实测混凝土温升

在金沙江向家坝水电站工程中进行现场试验时同样对堆石混凝土进行了温控检测。试验时间为 2007 年 1 月，浇筑过程预埋两个温度计，温度监测成果绘制温度时间曲线，如图 4.14 所示。所测得的最高温度分别为 16.6℃和 18.1℃，平均最高温度为

17.2℃，而试验初始温度为 7.9℃，从而可以得到现场试验中堆石混凝土的绝热温升为 9.3℃，如表 4.3 所示。

表 4.3　堆石混凝土温升检测成果

| 编　号 | 埋设部位 | 测点最高温度 | | 平均最高温度（℃） | 平均绝热温升（℃） |
|---|---|---|---|---|---|
| | | 到达最高温天数（d） | 测点最高温度（℃） | | |
| T1 | 距下游挡墙 1.5m 处 | 5.1 | 16.6 | 17.2 | 9.3 |
| T2 | 距上游挡墙 1.5m 处 | 4.1 | 18.1 | | |

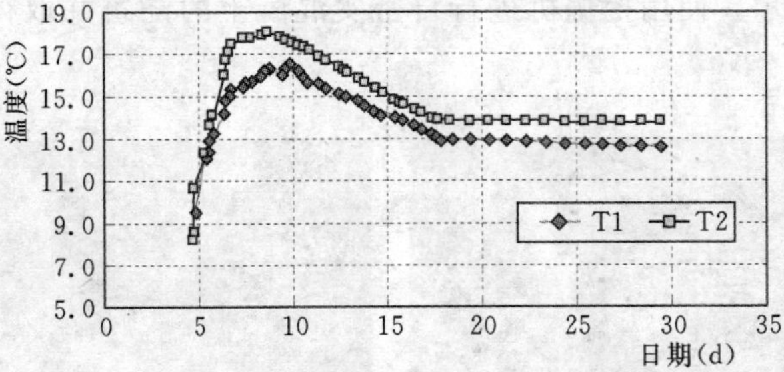


图 4.14　堆石混凝土温升检测曲线

由温度检测曲线可以看出，堆石混凝土在浇筑后的 2 天内温升较快，测点最高温度出现在第 4～第 5 天。平均最高温度出现在浇筑后的第 4 天，达到 17.2℃。第 6 天开始堆石混凝土内部温度缓慢下降，至浇筑完毕 20 天后内部温度稳定保持在 12.7～13.9℃。

### 1.3.4　工程现场试验

在堆石混凝土的研究过程中共结合实际工程进行了两次现场试验，地点分别位于河南宝泉抽水蓄能电站工程上库现场和金沙江向家坝水电站右岸马延坡砂石骨料系统成品料仓 7 号挡墙。目的在于验证堆石混凝土的施工简易性和质量稳定性，为进一步完善堆石混凝土施工方案提供依据；并且验证连续施工所浇筑的大体积堆石混凝土的综合性能，比如抗压强度、内部温升、抗渗性能、容重和密实情况等。试验表明堆石混凝土施工工艺简单易行，硬化后的堆石混凝土质量均匀稳定，内部填充密实，抗压强度和水化温升均能满足工程需要。

1. 宝泉抽水蓄能电站工程

在施工现场进行堆石混凝土的浇筑时，从堆石入仓至自密实混凝土浇筑完毕，仅使用了自卸汽车、挖掘机、混凝土拌和系统和混凝土搅拌车等现场现有的常用施工设备，除去设备的操作人员，现场仅需少量人工。堆石入仓过程如图 4.15 所示，自卸汽车和挖掘机联合进行堆石入仓工序。自密实混凝土浇筑过程如图 4.16 所示，使用挖掘机进行自密实混凝土的浇筑并取得良好的效果。

图 4.15　堆石入仓工序

在堆石混凝土硬化后进行了挖坑容重检测、钻芯取样，以及压水试验等检测，检测结果如表 4.4 所示，均取得了良好的效果，得到了业主、设计和施工单位的一致认可。挖坑容重检测现场如

图 4.16　自密实混凝土浇筑过程

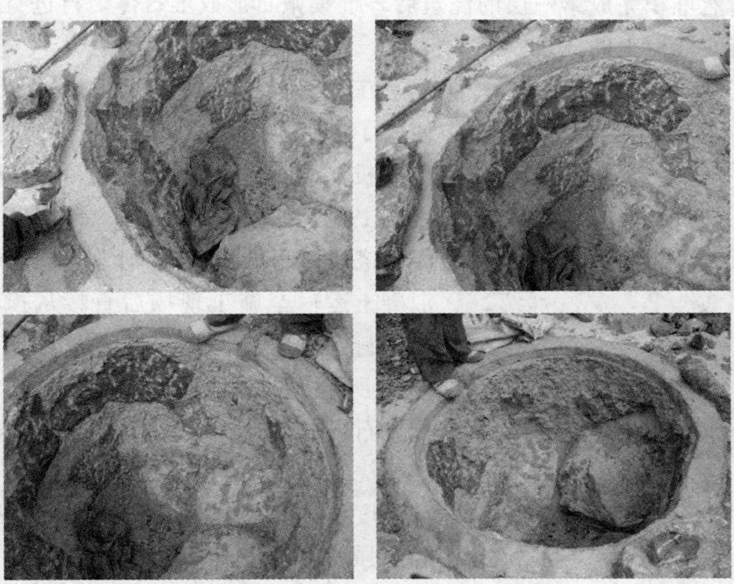

图 4.17　挖坑容重检测

图 4.17 所示，可以看出堆石混凝土挖开部分内部非常密实，自密实混凝土与堆石骨料间黏结紧密。

**表 4.4　　堆石混凝土现场试验检测数据**

| | 容重检测 (kg/m$^3$) | 芯样抗压强度 (MPa) | 压水试验 (Lu) |
|---|---|---|---|
| 检测均值 | 2415 | 23.7 | 1.33 |
| 合格指标 | 2350 | 15 | <3 ($H$<70m) |
| | | | <5 ($H$<30m) |

2. 金沙江向家坝水电站

在工程中进行堆石混凝土现场试验的主要目的是为了简化向家坝沉井群填芯混凝土施工工艺，加快沉井施工进度。结合沉井施工垂直落差大的特点，采用抛石型堆石混凝土模拟实际工程情况。所谓抛石型混凝土，即先在仓面中浇筑一定厚度的自密实混凝土作为缓冲层，然后向仓面中抛石，待抛石在自密实混凝土中自然堆积完成第一层的浇筑后，继续抛石形成堆石体，再进行自密实混凝土的浇筑。

在该工程中的浇筑过程中，也只使用了施工现场所现有的自卸汽车、挖掘机、装载机、混凝土拌和系统、混凝土搅拌车等常用设备。自密实混凝土浇筑过程如图 4.18 所示，自密实混凝土运输至施工现场后直接从搅拌车卸料到浇筑仓面内。抛石过程如图 4.19 所示，采用挖掘机配合装载机进行抛石，取得良好的效果。

图 4.18　自密实混凝土浇筑过程

浇筑完成后对堆石混凝土及时进行温度检测，硬化后还进行了钻孔取芯、强度检测和容重检测等。堆石混凝土的温升检测结果前文已经介绍，见表 4.3。钻孔取芯中芯样

图 4.19　抛石过程

获得率平均达 97.9%，并且块石与混凝土胶结紧密，芯样完整，光滑。芯样容重及强度检测结果如表 4.5 所示。

表 4.5　芯样容重及强度检测数据

| 孔　号 | 龄期（d） | 容重（$kg/m^3$） | 强度（MPa） |
|---|---|---|---|
| 1 | 42 | 2510 | 36.7 |
| 2 | 42 | 2505 | 26.2 |
| 3 | 42 | 2501 | 33.2 |
| 4 | 42 | 2516 | 37.3 |

各种试验结果均表明堆石混凝土可以满足该工程的需求，取得了业主、设计和施工单位的一致认可，并决定在向家坝水电站的沉井回填工程中使用。从 2007 年 5 月工程开工至 2007 年 10 月，沉井群堆石混凝土施工顺利完成，共计浇筑了 69095.98$m^3$ 堆石混凝土。

## 第 2 节　堆石混凝土施工流程与关键环节

### 2.1　堆石混凝土的施工流程

堆石混凝土的施工流程如图 4.20 所示，共有 6 道主要工序。

## 2.2　堆石混凝土施工流程说明

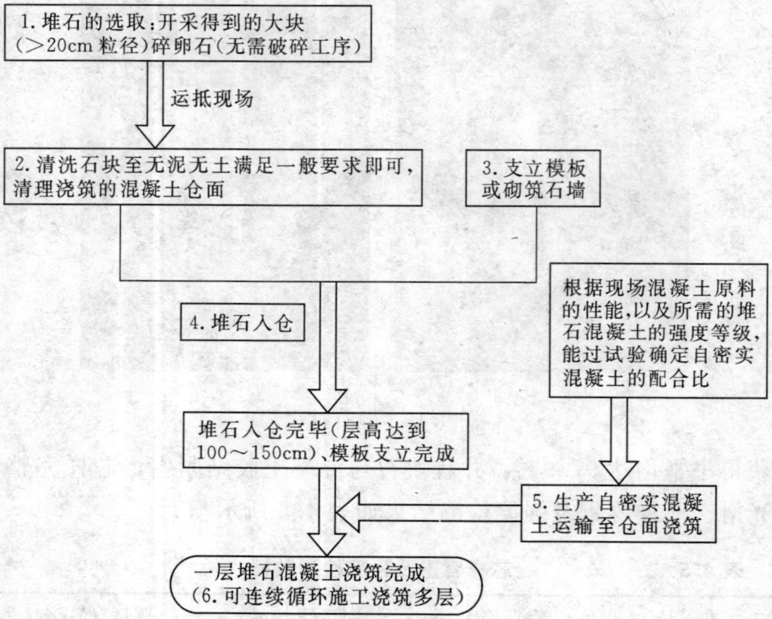


图 4.20　堆石混凝土施工流程

1. 堆石的选取

所选取的碎卵石粒径不应小于 20cm，根据堆石的运输及入仓能力，可选取尽可能大的块石。

2. 清理仓面与清洗石块

块石及混凝土仓面的处理只需满足常规要求，保证泥土含量不超标即可，无特殊要求。

3. 支立模板或砌筑石墙

堆石混凝土模板的支立较常规混凝土而言更加严格，须保证更好的稳定性、刚度和密闭性，模板强度设计参见本书第 3 章 2.2 节。如对硬化后堆石混凝土的外观无特殊要求亦可采用 30cm 厚砌石墙替代模板，该方法能有效解决模板的刚度、强度以及密封等问题。

4. 堆石入仓

堆石入仓形成自然堆积状态即可，辅以人工码放会使其更加密实，经济性更加突出。

5. 自密实混凝土的生产与浇筑

使用混凝土拌和楼生产自密实混凝土，并且需在90min内运抵现场直接浇筑，无须振捣即可密实。自密实混凝土的最佳浇筑方式为使用泵送方式浇筑。若施工现场不具备泵送条件，则可使用挖掘机、吊罐等方案进行浇筑，同样能满足技术要求。

6. 连续循环施工浇筑实现多层浇筑

每层堆石混凝土的浇筑高度不宜超过1.5m，但是能够连续循环施工，即在首层堆石混凝土浇筑完成后的4h内循环堆石入仓浇筑自密实混凝土的过程，在堆石入仓能力和混凝土生产能力有保证的情况下，可连续循环施工，大大提升混凝土的上升高度，提高施工速度。

## 第3节　堆石混凝土工程应用

### 3.1　北京某蓄水池工程

北京某蓄水池工程，其挡水结构物为混凝土重力坝，坝高13.5m，总方量约2000m$^3$，全部采用堆石混凝土技术修筑。因现场狭小，所以只有一台挖掘机在现场进行挖掘及水平运输，堆石入仓全部采用人工入仓的方式，约15名工人，计划分13层浇筑，工期40天，工程施工现场如图4.21所示。

如图4.22所示，每仓堆石混凝土浇筑完毕后，表面都裸露出大量块石，可以避免凿毛或者大大减少凿毛的工作量。拆摸后堆石混凝土的表面光滑，气泡数量很少，并且无早期裂缝产生，如图4.23所示。

虽然现场施工条件比较艰苦，但是在有限的人力和机械设备的情况下，仍然比较顺利地完成了整个工程，并取得了良好的施工质量。施工流程如图4.24所示，工程竣工后如图4.25所示。

图 4.21　堆石混凝土重力坝施工现场

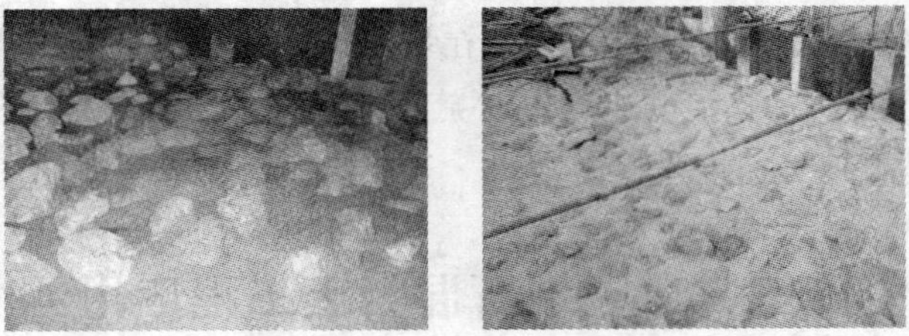

图 4.22　堆石混凝土表面裸露的大量块石

图 4.23　堆石混凝土成型情况

图 4.24　施工流程图解

(a) 清理仓面；(b) 冲洗石头；(c) 堆石入仓；(d) 入仓完毕；(e) 浇筑现场；(f) 浇筑细节；(g) 浇筑完成；(h) 硬化表面

图 4.25　挡水重力坝竣工照片

## 3.2　河南宝泉抽水蓄能电站

### 3.2.1　副坝工程

在现场试验各项检测结果证明堆石混凝土可以满足工程设计要求后，堆石混凝土施工技术作为原设计砌石混凝土的替代技术，在副坝的 773m 高程开始使用，至 779m 高程结束，总方量为 4400$m^3$，如图 4.26 所示。使用堆石混凝土的主要目的是为了解决砌石混凝土施工效率低、质量差等工程中存在的现实问题。

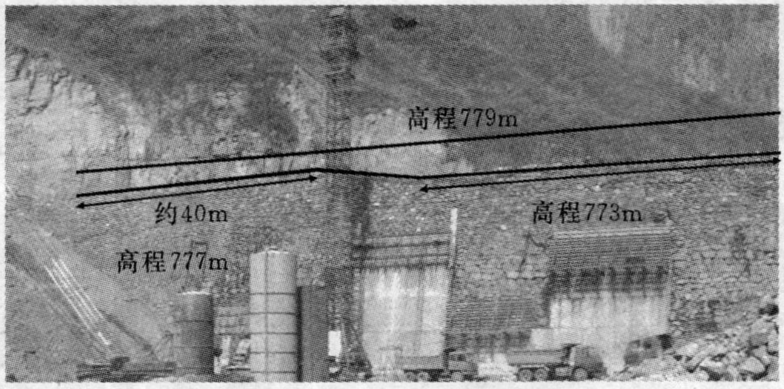


图 4.26　副坝使用堆石混凝土的部位

副坝堆石混凝土施工正式开始后，现场布置如图 4.27 所示。堆石入仓工序采用了自卸汽车和装载机配合挖掘机联合实施；混凝土拌和楼置于副坝下游，生产的自密实混凝土通过塔机吊罐直接浇筑入仓，如图 4.28 所示；仓面内约有 5～6 人负责清理仓面、砌筑石墙等辅助工作。

图 4.27　宝泉抽水蓄能工程副坝施工现场布置

(*a*)

(*b*)

(*c*)

图 4.28　宝泉抽水蓄能工程副坝施工现场及竣工照片

(*a*) 自卸汽车进行堆石入仓；(*b*) 吊罐浇筑自密实混凝土；

(*c*) 主体工程竣工后的照片

在对宝泉抽水蓄能工程副坝项目的施工人员进行了相关堆石混凝土浇筑的技术指导之后，施工人员可以基本掌握关键的技术环节，完全能够独立地进行堆石混凝土的施工，并保证良好的施工质量。同样对副坝上所使用的堆石混凝土进行探坑检测，结果如表 4.6 所示。

**表 4.6　宝泉抽水蓄能工程副坝探坑检测数据**

| 试　验　项　目 | 副坝探坑数据 |
|---|---|
| 自密实混凝土体积率（%） | 42.8 |
| 石料体积率（%） | 53.2 |
| 砌体干密度（$kg/m^3$） | 2401 |
| 砌体空隙率（%） | 4.0 |
| 执行标准 | SD 120—84 |
| 合格标准 | 砌体干密度大于 $2350kg/m^3$ |

堆石混凝土在质量控制方面有其特殊的优势，只要控制好两方面就能够有效地保证施工质量。一是控制块石的粒径，避免粒径过小的块石堆入仓面；二是生产满足施工性能要求的自密实混凝土。由于整个施工过程无需振捣，因而对于大体积混凝土施工来说大大简化了施工工序，提高了施工效率。只有满足了上述两个方面的要求，自密实混凝土才可能将堆石体填充密实，否则自密实混凝土将很难通过堆石体表面的孔隙，从而堆积在堆石体表面，使得施工和监理人员很容易判断出施工存在问题。

### 3.2.2　冲沟回填工程

堆石混凝土施工技术在宝泉抽水蓄能工程上库副坝项目的成功应用，使得宝泉抽水蓄能工程从业主到施工方都认可了堆石混凝土施工技术的经济、快速和质量稳定的优势。并且结合实际情况将原设计采用素混凝土进行冲沟回填变更为采用堆石混凝土回填。由于回填部位的混凝土标号比副坝的设计要求低，为进一步节约成本，清华大学水利系为宝泉抽水蓄能工程冲沟回填项目重新设计 C10 强度等级的自密实混凝土，使自密实混凝土的材料成本比副坝上所使用的 C15 等级自密实混凝土降低了约 16 元/$m^3$，最终冲沟回填工程中所使用的堆石混凝土的综合单价比副坝中所使用的降低 8 元/$m^3$ 左右。

冲沟回填的现场具有仓面大，但是垂直距离高的特点，如图 4.29 所示。该项目采用自卸汽车运输堆石，挖掘机进行堆石入仓，采用罐车经溜槽将自密实混凝土溜入仓面，自密实混凝土在仓面上的水平运输则采用挖掘机进行。截至 2007 年 3 月，已完成了约 40000$m^3$ 的堆石混凝土回填。

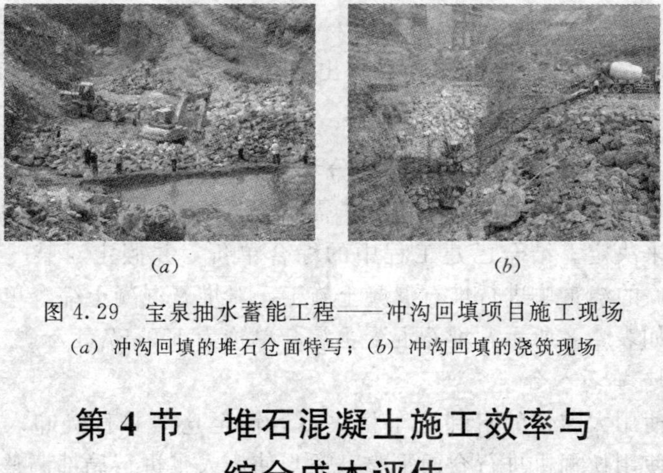

图 4.29　宝泉抽水蓄能工程——冲沟回填项目施工现场
(*a*) 冲沟回填的堆石仓面特写；(*b*) 冲沟回填的浇筑现场

## 第 4 节　堆石混凝土施工效率与综合成本评估

### 4.1　堆石混凝土综合成本估算

堆石混凝土由廉价的块石和优质自密实混凝土组成，浇筑时块石的大量使用就大大地降低了单方堆石混凝土的造价，具有显著的经济效益。堆石混凝土材料费可按照下式进行估算：

$$C_M = C_S \times \eta + C_R \times (1-\eta) \tag{4.1}$$

式中：$C_M$ 为堆石混凝土材料费；$C_S$ 和 $C_R$ 分别为块石和自密实混凝土的材料费；$\eta$ 为堆石体的空隙率。

由于各地材料的具体情况不同，堆石混凝土的材料费可能略有变化，表 4.7 中各参数值可供参考。

表 4.7　　堆石混凝土材料费估算

| 自密实混凝土的材料费（元/$m^3$） | 堆石孔隙率（%） | 堆石堆积率（%） | 堆石材料费（元/$m^3$） |
|---|---|---|---|
| 160～180 | 45 | 100－堆石孔隙率 | 40 |
| 堆石混凝土的材料费（元/$m^3$） | 112～121 | | |

不同的工程使用堆石混凝土技术因其施工条件不同综合成本也略有差异。根据估算，堆石混凝土的综合单价大致分为材料费和施工费两大部分，通常堆石混凝土材料费占到综合单价的 70%左右，施工费占 30%左右，因此可估算出堆石混凝土的综合单价为 160～173 元。

## 4.2 堆石混凝土综合成本分析

堆石混凝土的综合单价分析需结合其施工工艺和现场的施工条件来决定。结合已建工程中的综合单价，并假定对某一体积 500$m^3$ 的浇筑块进行堆石混凝土施工，对堆石混凝土综合单价分析，如表 4.8 所示，堆石混凝土综合单价为 159.57 元/$m^3$。

1. 堆石入仓

使用大吨位的自卸汽车将块石运输至仓面并直接卸入仓面内，使用挖掘机进行仓面平整，适当使用人工进行局部调整。

对一个 500$m^3$ 的仓面进行堆石入仓，按照 55%的堆积密度计算，共需 275$m^3$ 密实体积的石块；一般石块密度为 2.77t/$m^3$，则需 760t 块石；若使用 18t 自卸汽车进行运输，按满载计算则需 760/18＝43（车次）。考虑现场的交通情况，每 10min 卸一车块石，则需 430min，约 8h。仓面上需安排一台挖掘机对大块石进行位置调整，并对堆石仓面进行平整，工作时间与自卸汽车卸料时间基本一致，考虑到最后的仓面平整以及保险系数，可按 9h 计算。

2. 支立模板

对于无需光滑外表面的部位可采用砂浆砌石墙代替模板，这

表 4.8　C15 堆石混凝土综合单价分析（以 500m³ 为单位计算）

| 项目名称 | C15 堆石混凝土 | | 定额来源 | | | |
|---|---|---|---|---|---|---|
| 工作内容 | 堆石入仓，自密实混凝土生产、运输、浇筑、养护等 | | 单价（元/m³） | 159.57 | | |
| 编号 | 名称及规格 | 单位 | 数量 | 单价(元) | 总计(元) | 备注 |
| 1 | 直接费 | 元 | | | | |
| 1.1 | 基本直接费 | 元 | | | 68204.9 | |
| 1.1.1 | 人工费 | 元 | | | 1127.4 | |
| (1) | 高级熟练工 | 工时 | | | | |
| (2) | 熟练工 | 工时 | | 4.71 | 0 | |
| (3) | 半熟练工 | 工时 | 120 | 4.01 | 481.2 | |
| (4) | 普工 | 工时 | 180 | 3.59 | 646.2 | |
| 1.1.2 | 材料费 | 元 | | | 58140.72 | |
| (1) | C20 自密实混凝土 | | 225 | 160 | 36000 | |
| (2) | 块石 | | 500 | 36 | 18000 | |
| (3) | 100 号水泥砂浆砌石 | | 36 | 115.02 | 4140.72 | |
| 1.1.3 | 机械使用费 | 元 | | | 8936.78 | |
| (1) | 液压挖掘机 1m³ | | 16 | 141.34 | 2261.44 | |
| (2) | 混凝土搅拌机 1.5m³ | | 7 | 8.8 | 61.6 | |
| (3) | 混凝土搅拌车 6m³ | | 21 | 314.94 | 6613.74 | |
| 1.2 | 其他直接费 | 元 | | 2.00% | 1364.10 | |
| 2 | 间接费 | 元 | | 6.50% | 4521.98 | |
| 3 | 利润 | 元 | | 3.50% | 2593.18 | |
| 4 | 税金 | 元 | | 3.22% | 2488.98 | |
| 5 | 其他临时工程摊销 | 元 | | 0.30% | 230.05 | |
| 6 | 其他费用摊销 | 元 | | 0.50% | 383.42 | |
| | 合计 | 元 | | | 79786.62 | |

样做可以避免由于支立模板不当造成的模板变形、漏浆、跑模等问题，无须在仓面上为模板布拉筋；并且成本低廉，操作简单，可在堆石入仓工序的同时进行。根据已建工程堆石混凝土施工中的经验，砌石墙的厚度约为 30cm 左右为宜。

对一个长 50m、宽 10m、高 1m 的仓面进行砌石墙的砌筑，若厚度为 30cm，砌筑一周约需砂浆砌石 $36m^3$，可按 $40m^3$ 进行计算，实际工程中可按照每人每小时可砌筑 $0.15m^3$ 石墙进行计算，这样若在现场安排 20 人则需 14h 左右砌筑完成。

3. 自密实混凝土生产

自密实混凝土的生产主要受到混凝土拌和系统生产能力的限制。结合实际工程经验，按照 2min 生产 $1m^3$ 自密实混凝土进行计算。

若要浇筑 $500m^3$ 体积的仓面，则需要约 $200m^3$ 自密实混凝土，以每 2min 生产一盘计算，每小时可生产 $30m^3$ 自密实混凝土，完成浇筑需要约 7h。

4. 自密实混凝土水平运输

需要采用混凝土搅拌车运输自密实混凝土至现场进行浇筑，为保证浇筑的连续性，须保证一定数量的搅拌车参与施工。

每辆混凝土搅拌车可装 $6m^3$ 自密实混凝土，则拌制一车需要约 12min，假设满车运至现场需 15min，空车回拌和站需 10min，则至少需要 3 辆搅拌车才能够保证连续浇筑，浇筑需要 7h，则需 21 台时的搅拌车。

5. 自密实混凝土浇筑

浇筑方案可根据现场情况采用多种方式，最理想的工况是使用泵车浇筑，但费用较昂贵；使用吊车加吊罐或者挖掘机浇筑的方式也能满足要求；也可以布溜槽浇筑，但移动不方便，所以不建议使用。

若使用挖掘机浇筑自密实混凝土，则需工时 7h。

6. 浇筑完成后的平仓工序

浇筑完成后，可根据浇筑表面的情况采用抛石的办法平整混凝土表面，以确保下一仓堆石入仓时的交通便利。

针对 500$m^3$ 的仓面，预计需 20 个人 1h 的工作量。

7. 堆石混凝土中自密实混凝土的体积含量

参考挖坑容重检测的数据，在密实度良好的情况下平均自密实混凝土体积率为 46%，考虑到第二仓为保证表面的平整使用自密实混凝土填充了大量表面空隙，因此在计算中以 45%的自密实混凝土填充率计算，并且认为在实际施工中如能良好地控制块石堆积状况将会有效降低自密实混凝土含量，从而降低成本。

结合堆石混凝土的施工经验，影响综合单价主要有两个因素：第一是堆石的空隙率，即自密实混凝土填充率。据统计，已建堆石混凝土坝体中，堆石混凝土的空隙率约为 39%～45%，并且降低 5%的空隙率将会降低 10 元/$m^3$ 的综合单价。第二是混凝土的运输距离。一般情况下，工程中混凝土罐车使用费用较高，若能缩短运输距离将能够有效降低综合单价。因此推荐在施工现场附近建造拌和系统，采用直接泵送的方式直接浇筑入仓。

# 附录 自密实混凝土性能检测方法

1. 坍落扩展度试验

自密实混凝土坍落扩展度试验主要用来测量新拌自密实混凝土的流动性能，适用于各等级自密实混凝土的流动性能测定。所需试验工具为坍落度筒、钢质平板、投料容器、钢质卷尺、秒表以及扩展度测量中所需的辅助工具等，扩展度测量工具的使用如附图 1。

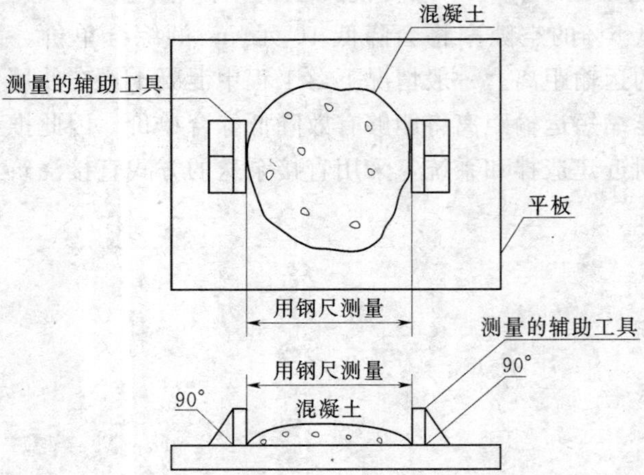


附图 1 扩展度测量工具的使用示意

钢质平板的表面必须平滑且板材具有良好的水密性和刚性。平板的尺寸，长宽应在 0.8m×0.8m 以上，板厚在 3.0mm 以上。若欲测定混凝土流至 500mm 的时间，需在平板表面有直径约为 500mm 的圆环。如果平板上装有把手，其位置应不妨碍扩展度测定。

具体试验步骤如下：

(1) 坍落度筒与平板的准备。用湿布擦拭坍落度桶内面及钢质平板表面，使之湿润，将坍落度筒置于水平放置的钢质平板的正中央，用手压牢。平板是否水平可用气泡水准仪测定。

（2）试样的填入方法。在新拌混凝土试样不发生材料离析泌水的状态下，将其填入坍落度筒内。将自密实混凝土填入坍落度筒内时，利用盛料容器使内盛的混凝土拌和物均匀流出，不分层一次填充至满，自开始入料至填充结束应在2min内完成，且不施以任何捣实或振动。

（3）坍落扩展度的测定。用刮刀刮除坍落度筒中已填充混凝土顶部的余料，使其与坍落度筒的上缘齐平后，随即将坍落度筒沿垂直方向连续地向上提起30cm的高度，提起时间宜控制在3s左右。混凝土拌和物会在自重的作用下向四周摊平，待混凝土的流动停止后，测量展开圆形的最大直径，以及与最大直径呈垂直方向的直径，测定直径时量测一次即可。

备注：若向上缓慢提起坍落度筒超过10s时，多余的试样将粘附于坍落度筒的内壁，将导致坍落试样在中心的部位增加静滞的骨料。

（4）测定扩展度达500mm的时间T50。自坍落度筒提起时开始，至扩展开的混凝土外缘初触平板上所绘直径500mm的圆周为止，以秒表测定时间，精确至0.1s。

（5）测定流动停止的时间。自坍落度筒提起时开始、至目视判定混凝土停止流动时止，以秒表测定时间，准确至0.1s。

混凝土的坍落度为混凝土拌和物坍落终止后，混凝土中央部位坍下的距离。坍落度测定时，精确至5mm。混凝土的扩展度为混凝土拌和物坍落扩展终止后扩展面相互垂直的两个直径的平均值，精确至1mm。需要注意的是，如果在本试验中混凝土拌和物扩展开后偏离圆形，测得两直径之差在5cm以上时，须从同一盘混凝土中另取试样重新试验。

在最终的试验报告中必须包括试验日期、混凝土配合比、混凝土盘别编号、骨料最大粒径、混凝土的坍落度和扩展度值，以及以目视观察混凝土有无材料离析的情况。并根据具体情况选择是否需要包括扩展度达到500mm的时间T50以及扩展度试验中混凝土流动停止的时间。

2. V形漏斗试验

V形漏斗试验主要用来测量自密实混凝土的黏稠性和抗离析性，适用于各个等级的自密实混凝土黏稠性能和抗离析性能的测定。所需试验工具为V形漏斗、支承漏斗的台架、投料容器、接料容器、平直刮刀、秒表和湿布等。

V形漏斗的形状及内部尺寸如附图2所示，漏斗的容量约为10L，其内表面需经加工修整呈平滑状。V形漏斗制作材料可用金属，也可用有机玻璃或者塑料。在漏斗出料口的部位，需附设可快速开启且具有密闭性的底盖。漏斗上端边缘的部位，须加工平整，构造平滑。支撑漏斗的台架最好有调整装置，应确保台架的水平，且易于搬运。接料容器的容积要足够大来盛放从V形漏斗中留下的混凝土，容积约12L容量的水桶即可满足要求。

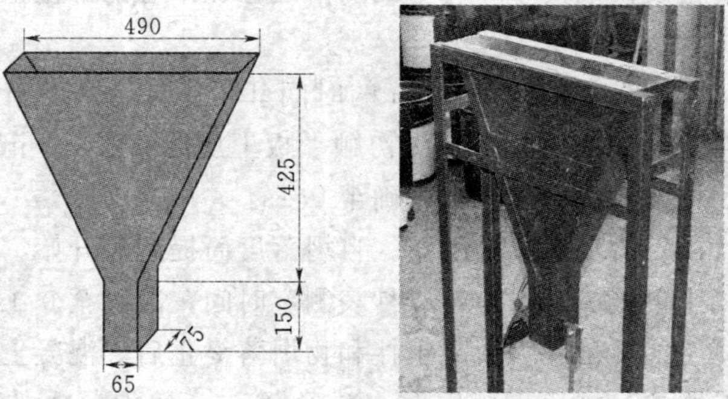


附图2 V形漏斗内径尺寸及实物图片（单位：mm）

具体试验方法如下：

(1) V形漏斗经清水冲洗干净后置于台架上，使其顶面呈水平，漏斗本身则为垂直状态。应确保漏斗稳固。试验前需要用湿布擦拭漏斗内表面，使其保持湿润状态。

(2) 在漏斗出口的下方，放置承接混凝土的接料容器。混凝土试样填入漏斗前，须先行确认漏斗流出口的底盖是否已经关闭。

(3) 用混凝土投料用容器盛装混凝土试样，由漏斗的上端平稳地填入漏斗内至满。

(4) 用刮刀沿漏斗上端将混凝土的顶面刮平。

(5) 混凝土顶面刮平后静置 1min 后，将漏斗出料口的底盖打开，用秒表测量自开盖至漏斗内混凝土全部流出的时间 $t_0$，精确至 0.1s。同时观察并记录混凝土流动过程是否流畅，以及是否有堵塞等状况。

若新拌混凝土的黏滞性较高，漏斗中全部混凝土拌和物流空瞬间的判定较为困难时，可由漏斗上方向下观察，透光的瞬间即为混凝土由卸料口流完的瞬间。流下时间的测定，宜在 5min 内对试样进行 2 次以上的试验。以 2～3 次试验结果的平均值进行评价，可减少取样的误差。

在最终的试验报告中必需包括试验日期、混凝土配合比、混凝土盘别编号、混凝土流下时间（精确至 0.1s），以及混凝土的流动状况记录（流动过程中是否连续，是否有堵塞状况等）。

3. U 形箱试验

U 形箱试验主要用来测量新拌混凝土通过钢筋间隙与自行填充至模板角落能力，适用于各个等级的自密实混凝土自密实性能的测定。所需试验工具为填充装置（U 形箱容器）、投料容器和刚质卷尺等。

填充装置采用 U 形的形状及尺寸，如附图 3 所示。所用材料应为钢质或有机玻璃，内表面须平滑，尽量减少混凝土与容器间的摩擦阻力，组装后的填充装置应坚固，且能观察混凝土的流动状态，钢制的填充装置在量测填充高度面须使用透明材料。

在填充装置的中央部位放置隔栅型障碍，如附图 4 中所示。1 型隔栅以 5 根 $\phi10$ 光圆钢筋制成，2 型隔栅以 3 根 $\phi13$ 光圆钢筋制成，可根据结构物的形状、尺寸及配筋状况等，结合自密实混凝土等级，选择相应的障碍和检测标准。

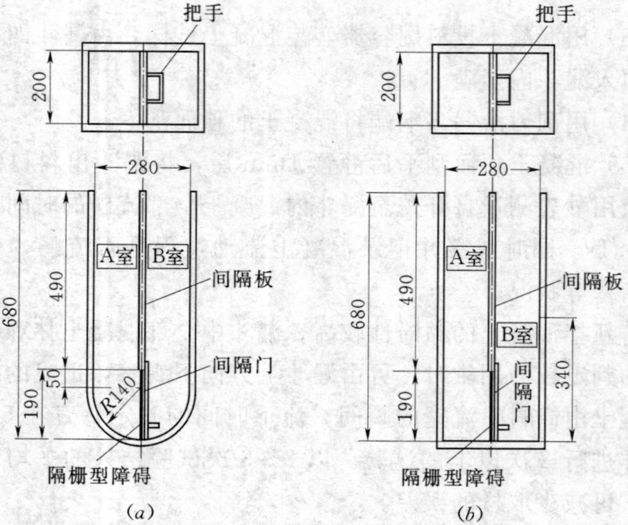


附图 3 U 形箱形状及尺寸（单位：mm）
(a) A 型；(b) B 型

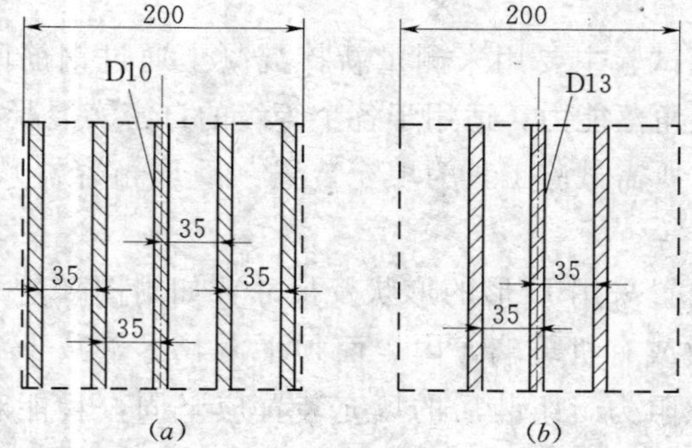


附图 4 U 形箱隔栅型障碍形状与尺寸（单位：mm）
(a) 1 型；(b) 2 型

在填充装置的中央部位设有沟槽，间隔板和可开启的间隔门能插入其中，凭借插入装置，使 A 室与 B 室成为能被隔开的两个空间。由于容器的尺寸误差，间隔板及间隔门的厚度影响等，将使最大填充高度产生差异，因此宜对 B 室一侧进行净水位的测定，以确认所用填充装置的最大填充高度。

具体试验方法如下：

（1）使填充装置呈竖直放置，顶面为水平状态。

（2）在填充装置中，插入间隔门并装好隔栅型障碍的间隔板。

（3）用湿布将填充容器内表面、间隔门、间隔板及隔栅型障碍等擦拭润湿。

（4）关闭间隔门，用有把手的塑料桶容器，将新拌混凝土试样连续浇入 A 室至满，不可用振捣棒振捣或橡皮槌敲振。

（5）用刮刀沿填充容器的上缘，刮平混凝土顶面后，静置 1min。

（6）迅速地将间隔门向上拉起，如附图 5 所示，混凝土通过隔栅型障碍的同时向 B 室流动，直至流动停止为止，在此期间填充装置均须保持静止，不得移动。

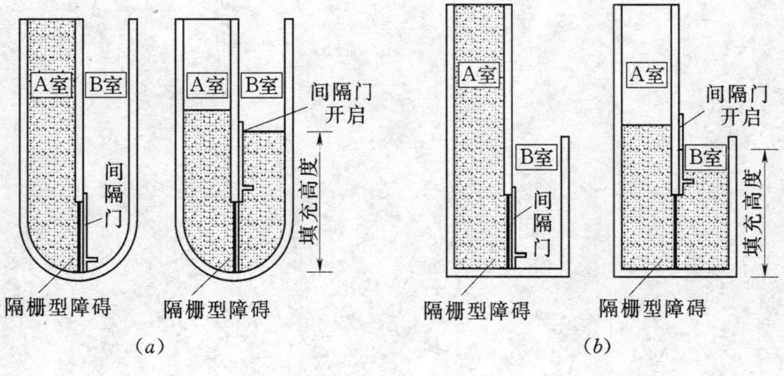


附图 5　U 形箱试验过程与测量方法示意

（*a*）A 型 U 形箱；（*b*）B 型 U 形箱

（7）在填充容器的 B 室，由填充混凝土的下端开始，以钢制卷尺量测混凝土填充至其顶面的高度，应精确至 1mm。此高度即为填充高度，以 $B_h$（mm）表示。测量时应沿容器宽的方向，量取两端及中央等 3 个位置的填充高度，取其平均值。

在最终的试验报告中，需要包括试验日期、混凝土配合比、混凝土盘别编号、隔栅型障碍的种类、填充高度 $B_h$（单位：mm）。

# 参 考 文 献


1 H Okamura. Development of Self-Compacting Concrete. presentation as a Ferguson Lecture at ACI Fall Convention. New Orieans，1996

2 JSCE. Design and Construction Recommendations for Self-Compacting, High-strength and High-durability Concrete Structures (in Japanese). 2001

3 中国工程建设标准化协会标准. 自密实混凝土应用技术规程 (CECS203：2006). 北京：中国计划出版社，2006

4 Bartos，P J M，M Grauers. Self-Compacting Concrete. Concrete (London). 1999，33 (4)：9－14

5 H Okamura. Self-compacting high-performance concrete. Concrete International. 1997，19 (7)：50－54

6 H Okamura，M Ouchi. Self-Compacting Concrete. Journal of Advanced Concrete Technology. 2003，1 (1)：5－15

7 M Ouchi. Self-compacting concrete-development，applications and key technologies. 2001. Akita，Japan：Society of Materials Science Japan

8 M Ouchi. Self-Compacting Concrete-A Japan's Invention that applied world-widely (in Japanese). Journal of JSCE. 2001，86 (4)：58－62

9 K Ozawa，K Maekawa，and H Okamura. Development of High Performance Concrete. Journal of The Faculty of Engineering，The University of Tokyo. 1992，41 (3)：381－439

10 Concrete. http：//www. answers. com/topic/concrete.

11 W Braumeshuber，S Uebachs. Practical experience with the application of self-compacting concrete in Germany. in Proceedings of the Second International Symposium on Self-Compacting Concrete. Tokyo，2001

12 M Ouchi. Current conditions of self-compacting concrete in Japan. in Proceedings of the Second International Symposium on Self-Compacting Concrete. Tokyo，2001

13 J Walraven. The development of self-compacting concrete in the Netherlands. in International Workshop on Self-Compacting Concrete. Kochi，1998

14 北京城建集团总公司构件厂，免振自密实混凝土鉴定材料．北京，1996
15 陈聪荣，许志雄．自充填混凝土 SCC（Self-Compacting Concrete）应用在南港车站新建工程之成效评估．中华技术．2005，66（4）
16 台湾营建研究院，2003 自充填混凝土技术发展与应用．台北，2003
17 G Fornasier，C Fava，L Zitzer. Self-compacting Concrete in Argentina: the first experience. in Proceedings of the Second International Symposium on Self-Compacting Concrete. Tokyo，2001
18 詹颖雯．自充填混凝土在台湾地区应用现状．台北，2000
19 A Leemann and C Hoffmann. Properties of self-compacting and conventional concrete- Differences and similarities. Magazine of Concrete Research. 2005，57（6）：315－319
20 Y—j Xie，et al. Study on mechanical properties and durability of self-compacting high performance concrete. Jianzhu Cailiao Xuebao/Journal of Building Materials. 2000，3（2）：118－123
21 P Turcry，et al. Cracking tendency of self-compacting concrete subjected to restrained Shrinkage：Experimental study and modeling. Journal of Materials in Civil Engineering. 2006，18（1）：46－54
22 S Assie，et al.，Durability properties of low-resistance self-compacting concrete. Magazine of Concrete Research. 2006，58（1）：1－7
23 KOzawa，K Maekawa，H Okamura. The High Performance concrete with high filling capacity. in Proc. of RILEM symposium on admixtures for concrete. 1990
24 N Nagamoto，and K Ozawa，Mixture proportions of self-compacting high performance concrete. ACI International，SP-172，1997：623－636
25 T Izumi，et al. Influence of paste on the frectional resistance between solids. Proc. of the Japan concrete Institute. 1988，10（2）：309－314
26 C Hashimoto，K Maruyama，K Shimizu. Study on visualization of blocking of fresh concrete flowing in pipe. concrete Journal. 1988，26（2）：119－127
27 A Ritchie，GB. Rheology of fresh concrete. American Society of Civil Engineers Proceedings，Journal of the Construction Division. 1968，94（C1）：55－74

28 日本コンクリート工学协会. フレッシユコリートの，举动研究委员会报告书. 1990
29 H Okamura，K Maekawa，K Ozawa. High Performance Concrete. Gihodo Publishing，1993
30 吴中伟，廉慧珍. 高性能混凝土. 北京：中国铁道出版社，1999
31 覃维祖，安明哲. 高流动性混凝土工作度评价方法研究. 混凝土与水泥制品. 1996（03）：11-15
32 杨静，王宏宇. J型流动仪测定大流动性混凝土工作性的试验研究. 工业建筑. 2003，33（02）：49-51
33 谢友均，周士琼，尹健. 免振高性能混凝土拌和物工作性检测方法及评价指标的研究. 混凝土. 1997（03）：10-14
34 王国杰，郑建岚，李铁慧. 新拌自密实混凝土工作性能测试方法的评价与探索. 福州大学学报（自然科学版）. 2005，33（10）
35 陈长久. 自密实混凝土工作性能及检测方法研究. 北京：清华大学本科学位论文，2006
36 W Conn，R G C. Admixtures for Self-Consolidating Concrete. The Grace Solution，2003
37 J Gibes. Self-compacting concrete—Getting it right. Concrete（London）. 2004，38（6）：10-13
38 J Payne. High-performance and self-compacting concretes. Concrete（London）. 2005，39（7）：33-35
39 周虎，安雪晖，金峰. 低水泥用量自密实混凝土配合比设计试验研究. 混凝土. 2005，183（01）：20-23
40 陈建奎. 混凝土外加剂原理与应用. 北京：中国计划出版社. 2004
41 M Ouchi. Self-compactability evaluation for mix-proportioning abd inspection. in Proceedings of the International Workshop on Self-Compacting Concrete，JSCE. 1999
42 M Higuchi. State of the Art Report on Manufacturing of Self-compacting concrete. JSCE concrete engineering series No. 30，1998：360-367
43 H S Müller，V Mechtcherine，M Haist. Development of self-compacting lightweight aggregate concrete in Proceedings of the Second International Symposium on Self-Compacting Concrete. Tokyo，2001
44 周虎. 普及型自密实混凝土的研究. 北京：清华大学硕士学位论文，2005

45 中华人民共和国行业标准. 轻骨料混凝土技术规程（JGJ51－90）. 北京：中国建筑工业出版社，1990
46 Y VANHOVE，et al. Study of Self-Compacting Concrete Pressure on Formwork. in Proceedings of the Second International Symposium on Self-Compacting Concrete. Tokyo，2001
47 M Ouchi，K Ozawa，H Okamura. Development of a Self-Compactability Testing Method for Acceptance at Job Site. The JSCE Seminar on Self-Compacting Concrete. 1997，19（5）
48 A SKARENDAHL. Use of self-compacting concrete in on-site construction. in ERMCO Proceedings，The European Congress on Ready-mixed concrete. Berlin，2001
49 N Watson. Self-compacting concrete：The future of precast cladding. Concrete（London）. 2003，37（2）：40－41
50 M Ouchi，Y Nakajima. Guide for Manufacturing and Construction of Self-Compacting Concrete-Learning from Real Troubles. Tokyo：COMS Engineering Corporation，2001
51 AnXuehui，F Sato. The Application of Self-Compacting Concrete in Dam Construction. The Activity of Japanese Technology in China Nikkei Construction. 2006（6）：22－24
52 安雪晖，金峰，石建军. 自密实混凝土充填堆石体试验研究. 混凝土. 2005，183（01）：3－6
53 金峰，安雪晖，石建军，张楚汉. 堆石混凝土及堆石混凝土大坝. 水力学报. 2005，36（11）：1347－1352
54 金峰，安雪晖. 堆石混凝土大坝施工方法. 北京，2003
55 周虎. 堆石混凝土专题报告. 北京：清华大学水利系，2006
56 黄绵松，周虎，安雪晖，金峰. 堆石混凝土筑坝技术的环境影响评价. 水电2006国际研讨会. 昆明，2006

# 致　谢

本书得以完成，必须要感谢许多人。在编著过程中得到众多单位和专家的支持。他们是清华大学的潘家铮院士、张楚汉院士、王光纶教授；日本友人岗村甫教授、前田右兵卫博士；北京城建集团构建厂蔡亚宁总工；西卡公司、新疆大学、南华大学、日本东京大学混凝土试验室、日本高知工科大学、日本前田建设工业株式会社等，以及清华大学水利系混凝土试验室各位老师和同学的鼓励和帮助。

本书参考了众多前人专家的研究成果。自密实混凝土的机理研究部分主要参考了日本东京大学混凝土试验室的研究成果；自密实混凝土检测方法评价部分主要参考清华大学水利系陈长久博士的研究成果；第 2 章第 4 节和第 5 节主要参考清华大学水利系周虎老师在自密实混凝土的推广应用中的研究成果；第 3 章第 5 节主要参考日本前田建设工业株式会社工程师中岛良光多年来在实践中所积累的成果。

对这些单位和个人的支持，作者在此谨表示衷心的感谢，没有这些人的贡献，这本书就不可能出现在你的面前。如果有人从这本书中获益的话，也请把功劳归功于他们，我只不过是花时间将他们的成果整理成册而已。

# 出版者的话

尊敬的读者：

为适应国家建设发展的需要，为及时反映有关“新标准、新规程、新规范、新理论、新技术、新材料、新工艺、新方法”，为有志于在土木工程领域传播和推广科学技术知识的人士构筑学术出版平台，为渴求知识的读者在工作实践中的学习交流和继续教育创造机会，由中国水利水电出版社和知识产权出版社与清华大学土木工程系联手，倾力推出的“简明土木工程系列专辑”中的第一批出版物正式与您见面了。

在此，我们特别感谢您对本套专辑的热切关注。

为使您对本套专辑有更多的了解，以下一并列出2006～2007年已经出版和今后即将陆续出版的图书。如果您有什么要求，有什么意见和建议，真诚地希望和欢迎您随时与我们取得联系。具体联系方式详见版权页上的E-mail地址。

再次感谢您对本套专辑的支持与厚爱！

# “简明土木工程系列专辑”
# 系列出版物


伟大的土木工程
岩土工程实用原位测试技术
客运站设计与智能化客运站
建筑消防系统
地下结构稳定性分析
建筑装饰材料
建筑工程结构荷载学
品味钢筋混凝土
工程优化技术
动力机器基础
轻钢结构新技术
土力学与地基基础
简明程序结构力学
空间钢结构新技术
高性能膨胀混凝土
水泥混凝土及外加剂
水电站设计的新进展
建筑抗震鉴定与加固
多高层钢结构住宅设计
浅基础设计及程序设计
弹性地基梁板实用计算
建筑的灾害与安全设防
钢–混凝土组合梁设计
自密实混凝土技术手册
城市生活垃圾处理工程
框架结构的计算与构造
房屋改造工程原理与应用
火灾后建筑物鉴定与加固
基础隔震结构设计及施工指南
剪力墙结构的分析与设计
钢筋混凝土圆形容器设计
高楼顶钢塔动力性能与减振控制
结构原理与结构概念设计
桥梁施工技术及质量控制
城市污水处理及回用技术
预应力加固法理论与实践
土力学与地基基础应试要点
高层建筑基础实用设计方法
新型建筑防水材料实用手册
预应力混凝土圆池结构设计
建筑施工常见质量问题及对策
混凝土结构加固实用技术手册
抗氯盐高性能混凝土技术手册
区域性特殊土的地基处理技术
PKPM 系列程序在土木工程中的应用
高拱坝地质力学模型试验方法与应用
结构工程师常用计算数据速查手册
房屋建筑加固实用方法及其新技术
高层建筑结构地震响应的时程分析法
公路桥涵钢筋混凝土受弯构件的计算
工程事故与安全·结构裂损机理
工程事故与安全·后桩基础时代
工程事故与安全·结构加固技术
工程事故与安全·典型事故实例
工程事故与安全·结构方案论证
在役桥梁检测、可靠性分析与寿命预测
平面结构弹塑性地震响应分析软件 NDAS2D 及其应用
……